私の研究室

『子リス』で、カヤネズミが破壊したミニ地球
これはアカハライモリの水槽
私はいつもここで仕事に励んでいる
大きな巻貝。特に今まで本には登場していない
ホバの写真
ゴンの写真
『巨大コウモリ』に出てくるスナヤツメが暮らしている
ダチョウの卵
ホバの産んだ卵を山で見つけた鳥の巣に入れたもの
スナガニの標本2体
ホンジュラスの山あいの村で買った焼き物？のお面
『カエル』に登場するスナガニが暮らしている
海辺で拾った貝やウニ。なぜかイノシシの牙も混じっている
カブトムシ（もちろん生きていません）
子リスの声に対するイタチの反応を調べるために使った装置（『子リス』参照）
自動撮影カメラ
これは内緒だが、この中でアオダイショウのアオを飼っている（『シマリス』他に登場）

『巨大コウモリ』：先生、巨大コウモリが廊下を飛んでいます！
『シマリス』：先生、シマリスがヘビの頭をかじっています！
『子リス』：先生、子リスたちがイタチを攻撃しています！
『カエル』：先生、カエルが脱皮してその皮を食べています！

子どものイソギンチャクはカタツムリのように這って動くのだ！(13ページ)

K先生から引き継いだ
海産動物の水槽
ある日、思わぬ生き物が
姿を現わした…

体に桃色の縦縞をもつ
小さくて細い魚
学生たちがつけた
名前は「コバ」

大型イソギンチャクが死んだあと……
イソギンチャクの赤ん坊を発見！
赤ん坊はすくすくと成長した

数日してヤドカリが
姿を現わした

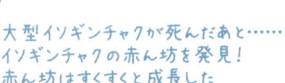

フェレット失踪事件（41ページ）

フェレットのミルクは、
3年前から私のところにいる
今回、私をとてもとても
心配させる事件が起きた

ミルクとの出合いは『子リス』に詳しく出ています

飛べないハトのホバを
追いかけるミルク
ホバが飛べないわけは
『巨大コウモリ』に

テニスコートで死にそうになっていたクサガメ（61ページ）

クサガメのラーメン

クサガメとイシガメには、
とても興味深い
違いがあった

イシガメのタマゴ

ウスバカゲロウ

ジョロウグモ

つくりかけのスズメバチの巣

ヤモリの恩返し？(83ページ)

ツタ壁の生態系……この10年の間に、ツタ壁にはいろいろな生き物が棲みついた

ヤママユガの繭《まゆ》

カミキリムシ

廊下から外を見ると……
チョウの幼虫が一生懸命、
葉を食べていた

私を救ってくれたヤモリ

ヒメネズミの子どもはヘビやイタチの糞に枯れ葉をかぶせようとする（97ページ）

ヒメネズミがヘビの糞に出合ったら…
この行動の謎は115ページへ

巣から鼻先を出したヒメネズミ

芦津の森での調査
木の3つの高さの位置に巣箱をかけて動物の利用状況を調査
6メートルの高さは、危ないので私がのぼる

巣箱のなかに
ドングリがいっぱい
ヒメネズミのしわざだ

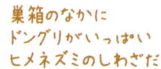

小さな無人島に一人で生きるシカ、ツコとの別れ（121ページ）

無人島で一人で暮らす雌ジカ、ツコ
さよならを言いにきてくれた
ツコとの出合いは『巨大コウモリ』に

鳥取県東部にある
湖山池に浮かぶ無人島、津生島

先生、木の上から何かがこちらを見ています！（141ページ）

雪の山中で出合ったモモンガ
重い梯子をかついで
雪道を4キロ歩いたかいが
あったというものだ!!

イヌシデの幹に梯子を立てかけ
10メートルくらいのぼって下を見たところ

ヤギのことが気になってしかたないキジの話（159ページ）

ア ある日、私は1羽のキジが
何やら悩んでいることに気がついた

ア

イ

オ この緑化屋上で
カルガモがヒナを孵す

"里山大学"鳥取環境大学のまわりには
いろんな生き物がいる
もちろんキジも…

イ 人工水場ビオトープに
やって来たカルガモ

エ 駐車場のそばの木に
ヒヨドリが巣をつくった

ウ 白い冬毛から茶色の夏毛へ
毛換え中のノウサギ

先生、キジがヤギに縄張り宣言しています！

［鳥取環境大学］の森の人間動物行動学

小林朋道

築地書館

はじめに

読者のみなさんのおかげで、『先生！』シリーズも第五弾となる。

このシリーズを書いてきて、よかった、うれしい、と思うことはいろいろある。

その一つは、読者の方からのメッセージである。手紙や葉書やネット上での本へのレビューなどで、「読んでよかった」「元気が出た」というメッセージを伝えられると、私は大変励まされる。

私が勤務する大学の学生が本についていろいろ言ってくれるのもうれしい。

最近は、私のゼミの学生は、本の〝ネタ〟の心配をしてくれたり、次の本のタイトルを考えてくれたりするようになった。

本文にも書いているが、大学を変わられた先生がゼミ室に残していった海産動物の水槽を、私のゼミで引き取ることになり、水槽の引っ越しをしたとき、ゼミの学生のＹｓくんは、「これも本のネタになりますね」と言った。（そのとおり、しっかりネタにさせてもらいました。）

そのYsくんと、同じくゼミ室の主のYnくんは、別なとき、廊下で学生たちに〝つかまっていた〟コゲラ（キツツキの仲間）を救出して私のところに持って来てくれたりして……。私の本のネタを考えてくれてのことだったらしい。

Ysくんと Ynくん、そのときゼミ室にいたIsさん、そして私が見守るなか、コゲラはゼミ室の窓から元気に飛び立っていった。

一方、Iyくんは、ある出来事を私に教えてくれ、それにちなんだタイトルまで考えてくれた。題して「先生、スズメがスズメバチの巣に巣をつくっていま

ゼミ生Ysくんと Ynくんにより“救出”されたコゲラ（左）とそれを放してやる直前のYsくん（右）

す！」だ。

ちなみに、そのスズメバチの巣は、私もよく知っていた。

五年ほど前、ヤギ小屋のそばの実験棟の軒下（地上一五～二〇メートルくらいの高さがあった）につくられたコガタスズメバチの巣である。当時、事務の人が、誰かからその話を聞いたらしく、大学の全学生、全教職員に向けてメールを送った。

「……危険ですから近づかないようにしてください。近々、業者を頼んで除去します……」と。

その巣にずっと前から気づき、高いところを単に飛んでいるだけのハチにまったく危険など感じていなかった私とヤギ部の部員たちは、事務に、そこまでする必要はない、と申し入れた。

結局、その巣は残り、ハチたちも心おきなく子育て

コゲラは元気に飛び立っていった

をし、数年後には、巣は空き家になっていた。

そうか、そこへスズメが巣をつくったか。

そりゃいい。

確かに、「先生、スズメがスズメバチの巣に巣をつくっています！」だ。

もちろん私は、Iyくんと、そのとき近くにいたIgさんと一緒に、現場を見に行った。

途中、Mさんも加わり、現場で、スズメバチの巣につくられたスズメの巣を、下から見上げ、スズメがどのように巣に入り、巣から出ていくのか眺めた。しばらくすると首が痛くなったので、野生の芝の上に、みんなで寝ころんで、スズメの様子を見ていた。

耳を澄ますと、スズメバチの巣のなかのスズ

スズメバチの空き巣に棲みついたスズメたちを寝ころんで観察する学生たち

メの巣のなかから、餌をねだる子スズメの鳴き声が聞こえてきた。

そして、見ていると、子スズメに餌を運ぶ大人のスズメは三羽いた。私は、「一羽はヘルパーの可能性があるなー」とみんなに話した。

ヘルパーというのは、つがい、つまり親鳥の二羽を助けて、ヒナへの餌運びなどを手伝う個体のことである。ヘルパーがよく知られている種では、ヘルパーは、その両親の子ども、つまり、そのとき両親が餌を運んでいるヒナの兄か姉である場合が多い。

私は、「これは、講義の導入で使えるなー」と感じて、写真を撮ることにした。

そのころ、生態学入門という講義で、毎回、導入の部分に〝この一週間に撮った写真〟とい

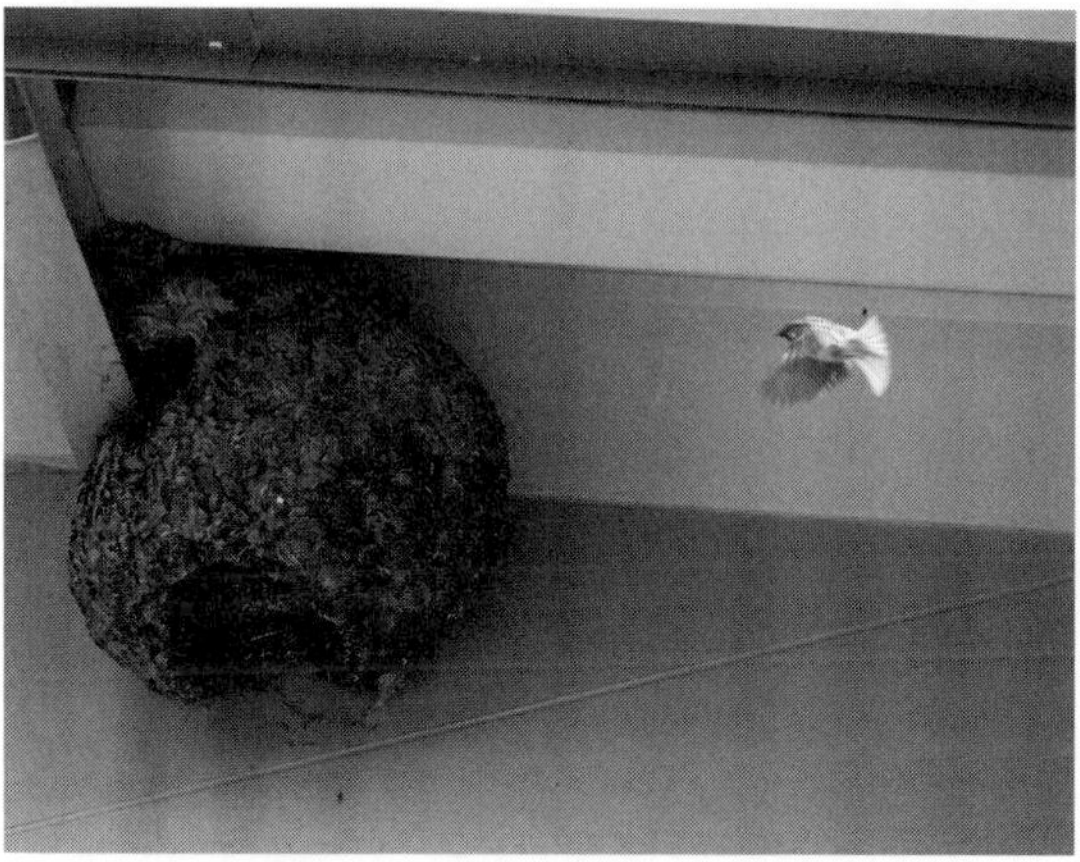

巣の子スズメに餌を運ぶ大人のスズメ

うコーナーを設けていた。なかなか評判のよいコーナーで、学生が、「先生の写真は、単なる生物の写真ではなく、必ずその生物の生態を感じさせる写真ですばらしいと思います」といったような思いやりのある感想を書いてくれ、私も調子にのって、毎回、よい写真が撮れるように頑張っていた。

「スズメバチの巣のなかに巣をつくった、ヘルパーらしき個体もいるスズメたち」というのは、まさに〝この一週間に撮った写真〟にピッタリだ、と思ったわけである。

ところで、スズメバチの巣のなかのスズメの巣の下で、いろいろ位置を変えてカメラを構えていた私は、また面白いことに気がついた。

なんと、スズメたちも、スズメバチの巣のなかのス

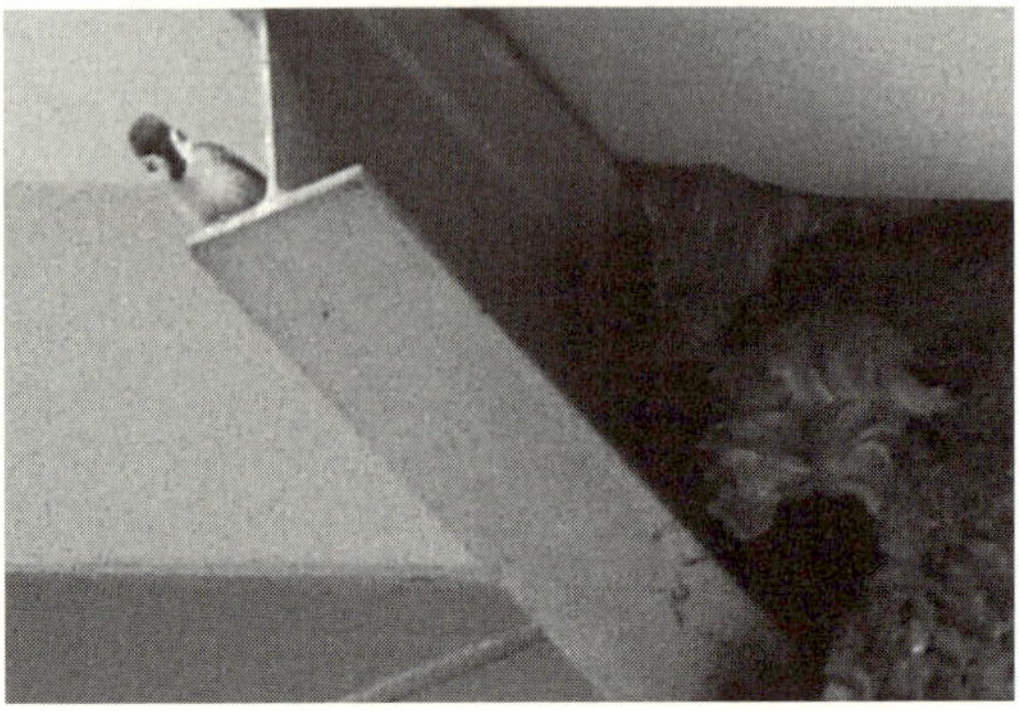

巣の下でうろうろしている私を観察するスズメ。懸命に首をのばしている

ズメの巣の下でうろうろしている私を、注意深く観察していたのである。巣を支えている鉄骨の陰から体を乗り出して、首をのばして、懸命に私の様子をのぞいているのである。これも実に興味深いスズメの生態を示している。

よしっ、写真一枚。

このように、読者の方や、学生諸君に励まされながら、私は第五弾を書いた。

第五弾についても忌憚のないメッセージを（できれば、忌憚のないなかにも思いやりのあるメッセージを）いただければうれしい。そしてなによりも、読者のみなさんが、動物たちへの思いやりといくばくかの元気を感じていただければとてもうれしい。

最後になったが、築地書館の橋本ひとみさんは、毎回、私が新鮮な気持ちで執筆に向かえるような絶妙な刺激を与えてくださる。「この話を書いたら橋本さんが面白がるのではないか……」みたいな気分になる。心からお礼申し上げたい。

小林朋道

◆目次

本書の登場動(人)物たち

子どものイソギンチャクは
カタツムリのように這って動くのだ！

ゼミ室に海産動物の水槽がやって来た話

一年前の四月に鳥取環境大学からT大学に移られたK先生からメールが来た。T大学に移られて半年ほどたったころのことである。

K先生は、鳥取環境大学で、自然保護法などの講義をされていた。その関係もあって、ゼミ室に、クマノミやデバスズメダイなどが泳ぐ、七〇×五〇×高さ五〇センチの水槽を置かれていた。

その水槽をそのままにされてT大学に移られたのだが、後任の先生が、管理が大変だと思われたのだろう。K先生に、なんとかしてほしい（つまり、片付けてほしい）と言われたらしい。

それを受けての私へのメールだった。

「なんとか小林先生（つまり私）のゼミで、水槽を引き受けてもらうわけにはいかないでしょうか」という内容だった。（それが無理なら処分するしかないのです、と書かれてあった。）

私は一瞬考えて、すぐ次のような返事を書くことにした。

「K先生の頼みとあらば、お断りするわけにはいかないでしょう。いいでしょう。私がゼミ生と一緒に面倒を見ましょう。どうぞご心配なさらないように」

K先生から、すぐ返事が返ってきた。大変丁寧なお礼のメールである。

私は、

「あー、イイことをしてあげてよかったなあ。**誰かのために何がしかの役に立てることはうれしいことだ**」

と思った……なんてことはまったくなかった。

お断りしておきたいのだが、実際、そういった気持ちになることも時々ある。特に相手が親しい知人であったり、知人ではなくてもほんとうに困っておられるような人である場合には、その気持ちも大きい。そしてそれは、少なくとも私が、ホモ・サピエンスとして正常な脳の一部を備えていることを物語っている。

この点については、ちょっと説明させていただきたい。

一見、利他的に見える行動について、近年の進化理論は次のようなことを明らかにしている。

「人間のような、他個体を一人ずつしっかり識別し記憶できる動物では、親しい個体や自分のちょっとした行為によって大きな困難から救われる人に手をさしのべることは、最終的には自分の利益になる」

つまり、そういう行動をする個体は進化的に増えていく、ということである。ただし、われわれの脳は、その場の損得を意識し、そろばんをはじいてそんなふるまいをさせているわけではない。単純に「あー、イイことをしてあげてよかったなあ。誰かのために何がしかの役に立てることはうれしいことだ」という気持ちで手をさしのべているのである。繰り返しになるが、長い目で見ると、そのほうが自分が得る利益は大きくなるということらしいのだ。

ところで、K先生からの依頼にすぐ手をさしのべた私が、「あー、イイことをしてあげてよかったなあ。誰かのために何がしかの役に立てることはうれしいことだ」と感じなかったのはなぜか。

それには次のような理由があった。

K先生から最初のメールが来たとき、私はすぐに、

「ヨシッ、これはよいチャンスだ！」

と思ったのである。つまり、私はそれまでも海産動物に興味があった。しかし、海水の管理など、これ以上負担を増やすのはひかえなければならないと思って、気持ちを抑えていたのだ。

しかし、そのとき思ったのである。

「困っているK先生のためにもここは一肌脱ぐのが人間の道だろう。そうじゃないか、な、トモミチくん（私の名前である）、そうだろ」

そうやって自分に言い聞かせ、自分を納得させようと思った。

その問いかけに、それまでがまんしていたトモミチくんはガゼン元気になった。

「そうだ。それが人間としての道だー。そうだ、そうだ、………！」みたいに。

それに、水槽が〝ゼミ室〟に置かれていたというのも大変結構な話ではないか。その流れでいけば、私が引き取ったあと、水槽は私のゼミ室に置くのが自然だろう。そうしたら、海産動物たちの世話は、ゼミの学生諸君にもかかわってもらえるかもしれない………というのも自然な流れである。

これはいい！

さー、そうなったら、私の行動は素早い。

すぐに、私のゼミ室（私の研究室のすぐ前にある）に行って、そこにいた学生諸君に言った。

「突然なんだけど、○△×□………というわけで、K先生が使っていたゼミ室の水槽を引き受けなくてはならなくなったんだ。みんなもいろいろ意見はあるだろうが、ここはひとつ、K先生のためにー肌脱いであげようじゃないか」

ゼミ室には三年生のＹｎくんとＹｓくんがいた。私の〝突然〟にはゼミ生も慣れている。二人ともきわめて冷静に、静かに私の少しうわずった言葉を聞いている。

Ｙｎくんは沖縄のジュゴンの保護活動について、Ｙｓくんは耕作放棄田でのアカハライモリの生息状況について卒業研究を行なう予定にしていたので、

「ジュゴンは大きすぎて水槽にはちょっと入らないし………はっはっはっ」とか、

「アカハライモリには海水はしょっぱすぎて嫌がるかな………はっはっはっ」とか、

まー何か、その場を和やかにするような言葉を発して、思いきって、これから水槽をここに移動するから手伝ってくれるように頼んだ。

理由ははっきりとはわからない。私を尊敬しているのか、卒論で少しは世話にならないといけないと思っているのか、子どもを見守る親のような気持ちでいてくれるのか………。

とにかく、二人は元Ｋ先生ゼミ室について来てくれた。

元Ｋ先生ゼミ室には、四年生のＩｋくんとＳくんがいた。事情を話すと、「そうですか、ぼくらもあまり世話ができなくなって困っていたんです。助かります。よろしくお願いします」

ということだった。二人も水槽の引っ越しを手伝ってくれた。

まず、水槽の海水をタンクに移し、軽くなったところで水槽を台車にのせた。

一方で、ＹｎくんとＹｓくんが、これまで中心になって水槽内の動物たちの世話をしてきたＳくんから、その世話の仕方について注意点などを聞いていた。

そして、いよいよ、海産動物水槽が、われわれのゼミ室にやって来た。

でも、まだまだ仕事は終わっていない。新しくゼミ室にやって来た水槽の場所を決め、台を設置し、水槽を置き、海水を入れ、ポンプを作動させ……いろいろ大変なのだ。

そんな〝大変な〟作業をしているとき、Ｙｓくんが、ぽつりと言った。

「先生、なんか楽しそうですね」

鋭い！　マズイ！

隠している本心が、つい表情に、はみ出していたのかもしれない。

私はＹｓくんから顔をそらして、努めて落ち着いて言った。

「われわれが助けてやらないと、このなかの動物たちは、処分、ということになるからね。大変だけどみんなで世話してやろうな」

……みたいなことを。

さて、引っ越しが一段落したので、水槽の上のライトをつけ、みんなで、なかの魚をはじめとした動物たちをゆっくり見ることにした。

まず、大一匹、小二匹のクマノミたちが一番めだった。

私は、ゼミの学生諸君が、水槽のなかの動物を、〝私たちの動物〟と感じてしまうような既成事実をつくろうと（そして、みんなで世話をすることが自然であるような雰囲気をつくろうと）、ＹｎくんやＹｓくんをはじめ、引っ越しを手伝ってくれたゼミの学生諸君にお礼を言いながら、次のような提案をした。

「そうだ！　この動物たちに、一匹ずつ、君らの名前をつけよう」

場は盛り上がらなかったが、私は続けた。

ゼミ室に引き取った海産動物の水槽のなかの２匹のクマノミ、ヤナとヤシ

ここはまず四年生のOくんを立てて、いちばん大きなクマノミを指して、「このクマノミをオグにしよう」、そして「この二匹をヤナとヤシにしよう」。

……………。

そうこうしていると、ゼミ室に次々にゼミ生が入ってきた。私は事情を説明して、「いいところに来た。じゃ、この立派な貝を△×」、「このとてもきれいなヒトデは□△」………と、冷静に事の成り行きを見守る学生たちを前に孤軍奮闘したのだった。

そして………**私は、最後に、一か八か、勝負に出た。**

「じゃ、最後に、この海産動物水槽の最高統括生態系保全委員長を決めよう。みんなのなかで海に関係した卒論を書く予定で、かつ、信頼がおけ、委員長としてやっていける人………と言ったら、………Ynくんだね。Ynくんしかいない、Ynくん、頼んだよ」（ここで断られたら、あとはない。ほかの学生も断るだろう。）

Ynくんは、独特な微笑を浮かべて言った。

「何でぼくなんですか」

でもYnくんのことをよく知っている私は、これは脈は十分あり、と確信して言った。「やはりYnくんしかいないだろう。みんなも私ももちろん協力するから、Ynくん、頼んだよ。

よし、今日はこれでお開きにしよう。みんなご苦労さん」

さて、人生とは面白いものである。

水槽の引っ越しのドタバタ劇のあと、二つの変化が起こりはじめたのだ。

一つ目は、Ｙｎくんの水槽に対する態度の変化である。私が予想していたように、責任感も好奇心も豊かなＹｎくんは、水槽のなかの動物たちに対する責任感と愛着を深めていった。

自分で時間を決めて餌を与え、海水の状態を気にし……あるときなど、私が、何気なく海産動物を見にゼミ室に入ったら、Ｙｎくんが、海産動物の飼い方の本を熱心に読んでいたことも何度かあった。

Ｙｎくんと仲のよいＹｓくんも、水槽の動物たちを

海産動物水槽の最高統括生態系保全委員長、Ynくん

子どものイソギンチャクはカタツムリのように這って動くのだ！

気にかけるようになり、やがて、ゼミ室の常連学生たちが、自発的に、海産動物たちに名前をつけるようになり、私の計画は見事に成功したのである。

二つ目の変化は、日がたつにつれ、水槽のなかに新しい動物が発見されはじめたことである。

内気で、引っ越し直後は、岩や藻の陰に隠れていた動物たちが、少しずつ顔を見せはじめたということなのだろう。

その内気な動物たちというのは、小さなオレンジ色のヒトデであったり、新しい種類のヤドカリであったり、そして、特にみんなの関心を引いたのは、小さくて細い魚である。

その魚は夜、岩陰に少しだけ姿を現わして、すぐ隠れるという。

最初に、その魚を発見したＹｎくんは、いつのまに

水槽のなかに次々と新しい動物たちが姿を現わしはじめた

かその幻の魚に「コバ」(私の名前からとったのである)と名づけていた。
昼間はまったく姿を見せないので、コバを見た人間はわずかだった。目撃者の一人によると、体に桃色の縦縞をもつ神秘的な魚だという。そんな話を聞いて、私も見たくてしかたなかったのであるが、私には夜でも姿を見せてはくれなかった。

このように、思いもかけず新しい動物に出合う(あるいは、その存在を伝え聞く)、という体験によって、その水槽は、少なくとも私にとってさらにさらに魅力を増していった。レイチェル・カーソンの言う〝センス・オブ・ワンダー〟の感覚である。

ちなみに、私がコバを見る機会は、その後、ほどな

引っ越し後、数日して姿を見せたオレンジ色のヒトデ

くやって来た。

深夜、仕事を終えて研究室を出た私は、研究室と廊下をはさんだところにあるゼミ室の水槽の電気がつけられたままになっているのに気がついた。夜は水槽の電気は消す、というのがゼミの暗黙の了解になっており、いつもは夜には消えている水槽の電気が、その日は、深夜もついていたのである。

暗いゼミ室のなかに、水槽だけが明るく浮かび上がっていた。水槽の電気を消そうとゼミ室に入り、のぞいた水槽の岩の奥に、コバはいた。岩の隙間から、その姿が見えた。

「体に桃色の縦縞をもつ神秘的な魚」という言い伝えはほんとうだった。

ただし、その目は優美、というより、何かコミカルだった。Ｙｎくんにとって、そのあたりが「コバ」だ

こちらも数日して姿を現わした新しい種類のヤドカリ

ったのかもしれない。その目がこちらを見ているような気がして、私は、じっとして動かないコバをしばらく見つめていた。

それからしばらくして、コバはまたわれわれを驚かせてくれた。

誰が見つけたのか忘れたが、コバは一匹ではなかったのだ。二匹いたのだ。面白いねーー。われわれのなかで、ちょっとした話題になった。

学生たちは、名前をどうするだろうか、と思っていたら、コバ一号とコバ二号にした。わかりやすい。

Ｙｎくんは、海産動物たちの一匹一匹についた名前を整理して、パソコンで表をつくり、プリントした紙を、ゼミ室のホワイトボードに貼

幻の魚“コバ”。小さくて細くて桃色の縦縞がある

子どものイソギンチャクはカタツムリのように這って動くのだ！

っていた。

この学生たちの〝名前づけ〟については、なかなか私も楽しませてもらった。

たとえば……四匹いたデバスズメダイ（青くて切れのある体形の、上品な魚である）の名前が、紙の真ん中あたりに書いてあった。

上から、エメラルド朋一号（私の名前、朋道からとった朋である。でもエメラルド朋って、プロレスラーや競走馬じゃあないんだから）、次がエメラルド知二号（ゼミのなかに知子さんがいたのである）、次がエメラルド智三号（ゼミのなかに智子さんがいた）、そして最後がエメラルド友四号。最後の「エメラルド友四号」については少し説明がいる。

よく見たらその名前の後ろに括弧書きで、次

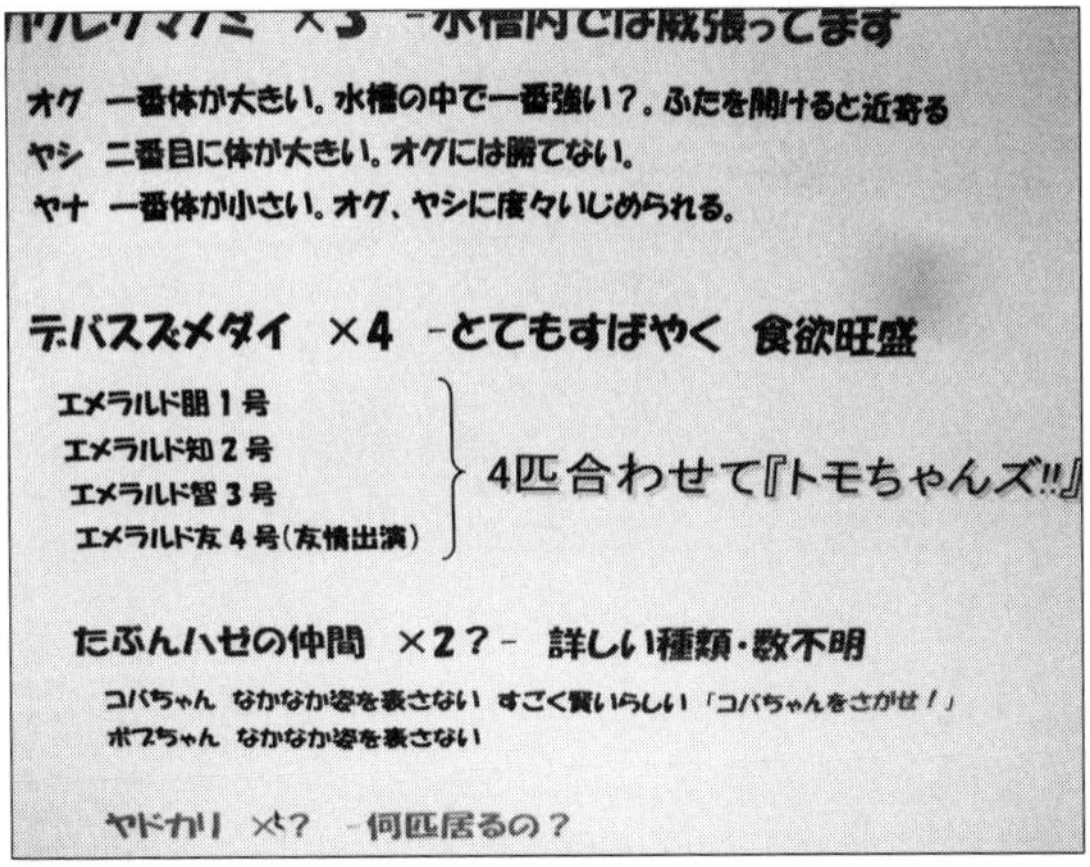

オグ　一番体が大きい。水槽の中で一番強い？。ふたを開けると近寄る
ヤシ　二番目に体が大きい。オグには勝てない。
ヤナ　一番体が小さい。オグ、ヤシに度々いじめられる。
デバスズメダイ　×4　－とてもすばやく　食欲旺盛
エメラルド朋１号
エメラルド知２号
エメラルド智３号
エメラルド友４号（友情出演）
4匹合わせて『トモちゃんズ!!』
たぶんハゼの仲間　×2？－　詳しい種類・数不明
コバちゃん　なかなか姿を表さない　すごく賢いらしい「コバちゃんをさがせ！」
ボブちゃん　なかなか姿を表さない
ヤドカリ　×？　－何匹居るの？

Ynくんたちは水槽のなかの動物一匹ずつに名前をつけた

のように書いてある。

（友情出演）

つまりこういうことらしい。私も入れて、われわれのゼミには合計で三人の「とも」がいる。（その事実を聞いて私は、へー、と唸った。）でもデバスズメダイは四匹、一人足りない。そこでみんなで相談して、「学務課に〝とも〟（み）さんがいる」ということになったらしい。（よく知っていたなー。）

そこで、さっそくゼミの面々は、学務課の〝とも〟（み）さんに直接交渉に行き、〝とも〟（み）さんは快く無料での出演を了解してくださった、というわけらしい。だから……友情出演、なのである。お見事。

ちなみに、デバスズメダイ四匹をあわせて、「トモちゃんズ」だそうだ。

そうそう、こんなこともあった。

あるとき、**水槽の一等席になんと大きなイソギンチャクが突然出現**したのだ。

出現したといっても、ヒトデやコバのように、どこかに隠れていたのが姿を現わした、というのではないらしい。なにしろ大きなイソギンチャクである。さすがに、ちょっとどこかに隠れようがないだろう。じゃ、どうして、そこにいるのか。

私の推理は、次のようなものである。

私は常々、クマノミを見ながら独り言をよく言ったものだ。

「クマノミといったら、やっぱ、イソギンチャクだよな。オグやヤナやヤシのためにイソギンチャクがいたらなー」（クマノミはイソギンチャクの近くで生活し、触手のなかに体をうずめ、敵から身を守る習性があるのだ。）

クマノミを見ていると、岩についている藻の上に体をこすりつけ、ちょうど、イソギンチャクの触手に体をうずめようとする動作と解釈できる行動が時々見られた。


ところで、そのころ四年生は就職活動が忙しく、ゼミ室に来ることはあまりなかった。それでもたまに、久しぶりの顔がぶらっと入ってくることがあった。そのなかに、私が**〝淡水生物狩猟団〟とよんでいた男子学生たち**がいた。

彼らは就職活動の最中も、時々、網とバケツを持って川に行き、変わった動物をとってきては、それらを水槽で飼っていた。おかげで、飼育室は、スッポンの子どもや、タガメや各種魚でいっぱいになっていた。

私は想像するのである。

〝淡水生物狩猟団〟の誰かが、私の「クマノミといったら、やっぱ、イソギンチャクだよな」みたいな独り言を聞いて、〝海水生物狩猟団〟になったのかもしれない、と。

そもそも、ゼミ室にやって来た海産動物の水槽を見て、〝狩猟団〟の血が騒がないはずはない。小林もああ言ってるんだし、ちょうどいい。イソギンチャクを、それもめずらしい大きなイソギンチャクをとってきてやろう、と思ったのではないだろうか。

ただし、〝狩猟団〟数名に聞いてみたが、「自分はやってない、シロだ」と言うのである。

「仲間がやったという話も聞かない」と。

誰の仕業か……今後の研究課題である。

まーそれは横において、そのイソギンチャクの話だ。

誰がとってきたにしろ私はうれしかった。イソギンチャクがしっかりと水槽のなかに定着してくれ（生態系としても安定し）、クマノミたちと楽しくやってくれたらまた水槽が豊かになる。クマノミとイソギンチャクのやりとりも見られる。

ところが、**次の事件は数日後に起こった。**

私はイソギンチャクを、しばらく静かに見守っていたのであるが、数日後、はたと思い立った。

「イソギンチャクに餌をやらないと」と。

「イソギンチャクも腹が減っているだろう」と。

天の声みたいなものである。

「はじめて飼育する動物に何を与えるか」（つまり餌）を正しく判断する能力は、私が自慢できる数少ない能力の一つであった。

私は、イソギンチャクをじっと見て、ちょっと疑問も残るものの、確信を得た。

（容易に手に入る餌は）肉食魚用のフレーク状の餌だろう、と。それをイソギンチャクの、花のように開いた部分に置いてやれば、少しずつ食べていくだろう、と思ったのだ。

なにせ、私の頭のなかには、花びらの触手の刺胞《しほう》（袋のなかに入った毒針）で魚を麻痺させ、花びらの中心に魚を飲みこんでいく、何かの写真で見たイソギンチャクの姿がぼんやり浮かんでいたのだから。（ちなみに、イソギンチャクと共生するクマノミは、体の表面に粘液を分泌し、イソギンチャクの刺胞を無害にしていることも知っていた。）

その日の夜、学生は全員帰り、暗くなったゼミ室に明かりをつけ水槽の前に立った。

水槽のライトをつけ、指先にフレーク状の魚の餌をつまみ、水槽のなかへ手を入れ、「お腹がすいただろう。私は怪しいものじゃないよ。いい子だね」とかなんとか声をかけながら、イソギンチャクの口の上に、餌（になると私が判断したもの）をパサッとのせてあげた。

イソギンチャクは、私の言葉がわからなかったのか、突然の刺激に驚いたように花びらを閉じた。

でもその動作によって、フレークが花びらに押さえられるようにして口のなかに入っていったのだった。（少しフレークが多すぎたのか、口からはみ出ているフレークもだいぶあったことも正直に告白しておく。）

私は、一抹の不安を感じながら、「確か、魚を飲みこんでいた写真のイソギンチャクもこんな感じだった、

イソギンチャクもお腹がすいただろう。
口の上にフレーク状の魚の餌をのせてみた

子どものイソギンチャクはカタツムリのように這って動くのだ！

よし、これでいい」と自分に言い聞かせた。

そして「頑張れよ」とかなんとか言って、明かりを消して、その場をあとにしたのだった。

そして次の日である。

「どうなっただろう」と思いつつ**水槽に向かった私が見たものは……、**花びらを閉じたまま、体が右側に傾いたイソギンチャクの姿だった。

かなり不安になった。

でもまだ、私は気丈にも、イソギンチャクは、腹いっぱい餌を取りこんだときは、体を曲げるのだろう、と自分に言い聞かせ、やがて消化が終わったら、またしっかり立って、花びらを艶やかに広げるだろう、と……。

講義が終わって、帰りにゼミ室へ立ち寄ったとき、Ｙｎくんが話しかけてきた。

やがてイソギンチャクは花びらを閉じて、体を右に傾け、とけるように崩れていった

「イソギンチャクの様子が変なんです」

私は、餌やりの話を正直に話し、でも強気に言った。

「そのうち消化して触手を広げると思うんだ」……。

しかし、それから再びイソギンチャクの触手が開くことはなかった。イソギンチャクの体は傾き、小さくなりつづけ、やがて、とけるようにして藻のなかに崩れていった。

それから、ゼミ室で、イソギンチャクについて話されることはなくなった。

でも、人生は面白いものである。

あまり思い出したくない〝イソギンチャク過多フレーク投与事件〟から数週間して、私は水槽内の岩の上に繁茂する藻のなかに、**イソギンチャクの赤ん坊のようなものを発見**したのだ。

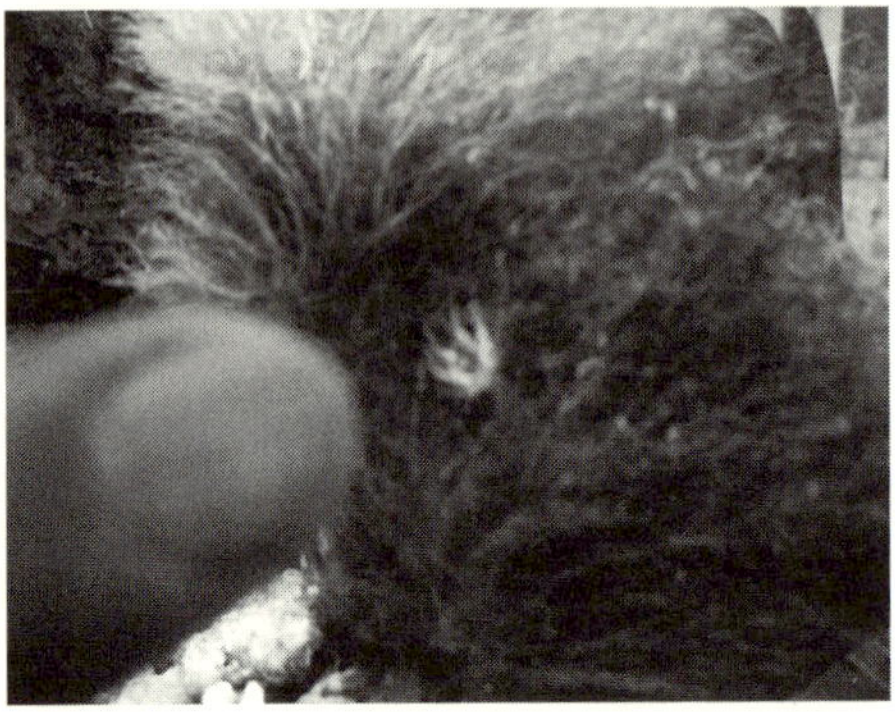
数週間後、水槽のなかにイソギンチャクの赤ん坊のようなものを発見！

それは細い触手のようなものがひょろひょろっと根元から生えた、小さな物体だった。こんな小さな物体を目ざとく発見するとは、**私の目もサスガジャーン。**

でも、それは私の力だけではない。その物体が、命の輝きを私に向けて発してくれていたからである。

私はこの発見をすぐには学生たちに言わなかった。それがほんとうにイソギンチャクの赤ん坊であるとわかるまでは発表をひかえたのである。なにせ、〝イソギンチャク過多フレーク投与事件〟で信用を失っていた身である。ここは慎重に、と。

実際、冷静に考えてみると、それがイソギンチャクであるという納得のいく説明はできない。

もちろん、〝イソギンチャク過多フレーク投与事件〟で死なせてしまったあの申し訳ないイソギンチャクとのつながりを考えるのであるが、両者はうまく結

私は、イソギンチャクの赤ん坊であると確信がもてるまで発表をひかえた

びつかないのである。

あの大型イソギンチャクが死ぬ前に出芽をして小さな分身を残したとでも言うのか？

（出芽というのは、イソギンチャクのような腔腸《こうちょう》動物の増殖方法で、親の体にできた小突起から新個体ができる増殖の仕方を言う。）

いやそれはちょっと考えにくい。そんなことをするには時間が短すぎる。

それに、大型イソギンチャクが亡くなって、その生まれ変わりのように新しいイソギンチャクが現われるというのも、ちょっとできすぎた話である。

そのイソギンチャクのような生物が何なのか、私はしばらく様子を見ることにした。

そしたら、小さな生物は、だんだんと大きくなっていき、先端の触手のようなものも本数が増え、長くなっていった。

そしてなにより、**なんと、その生き物は、動く！ではないか。**

動くといっても、ひょこひょこ歩くわけではない。泳ぐわけでもない。おそらくカタツムリのように、岩や藻と接している部分に筋肉の波が生じ、ズズーと滑るように移動していくのだろう。あるときは藻のかたまりの先端に、あるときは岩の穴のなかにと、かなり頻繁に居場所を変えるのである。その姿からして、イソギンチャクに間違いない。

そして、**なんとイソギンチャクの子どもは動く！らしい。**

もうこうなったら、ゼミのみんなに知らせるしかない。

それからの私は、ゼミ室に来る学生、来る学生に、それらの事実を解説することに熱中したのだった。

そして……人生とは面白いものである。

さらに、それから数週間ほどして、また私を驚かせる出来事が起こった。それを発見したのは、私ではなく、Ｙｎくんである。

ゼミ室に入って、イソギンチャクをはじめとしたいろいろな動物を眺めていた私の後方から、Ｙｎくんが声をかけてきた。

「先生、小さいイソギンチャクのようなものが

その生き物はだんだん大きくなっていき、なんとカタツムリのように動くのだ！

たくさん岩にくっついています」

またイソギンチャク？

たくさん？

「どこどこ」と言ってせきたてる私に、「あの岩の側面に………」と言ってＹｎくんが指さした先を見ると………

いるのである。

イソギンチャクが。

それも、極小のイソギンチャクの赤ん坊の、そのまた赤ん坊のような小さな小さなイソギンチャクが！

これはどういうことなのか。

そして、成長した赤ん坊イソギンチャクの運命やいかに！

またのお話を、乞うご期待。

子どものイソギンチャクはカタツムリのように這って動くのだ！

小さなイソギンチャクがたくさん岩についている

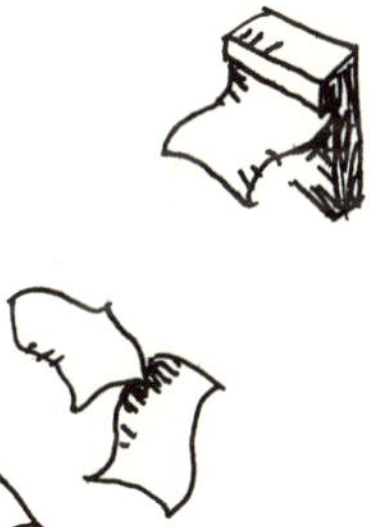

フェレット失踪事件

地下室から忽然と消えたミルク

大学の実験室に隣接する飼育室にはフェレット（ヨーロッパケナガイタチを飼いならした種類）がいる。飼いはじめてからもう三年くらいになる。

鳥取市に住んでおられるある女性が、フェレットの毛がお子さんのアレルギー源になることがわかり、困って、研究室に持って来られたのだ。

詳しいいきさつは『先生、子リスたちがイタチを攻撃しています！』を読んでいただきたいのだが、四分の一は、その方が「もう一度、一生懸命飼い主を探してみます」と言って見せられた悲壮な表情、四分の一は「そのときはまだ子どもだったフェレットがとてもかわいらしかった」ということ、残りの二分の一は**「そうだ！　イタチの代わりとして実験で使えるじゃ～ん」**というとっさの思いつきに、キヨオチし（キヨオチの意味は『先生、カエルが脱皮してその皮を食べています！』の「はじめに」を読んでいただきたい）、私が一生面倒を見てやろう、という固い決意をして飼いはじめたのである。

白い体に黒い目、頭頂部と尾の先端の灰色の毛が愛らしい雌のフェレットで、名前はミルクである。私のところへ来る前にすでに名前はつけられていた。

ちなみに、ミルクを引き取ったあと、私が顧問をしている大学のヤギ部に、新しい母娘のヤギが入部し、部員たちは、娘をミルクと名づけた。今でも時々頭が混乱するのだが、ややこしいからヤギ娘は別な名前にしてほしかった。

でも、フェレット娘は当時、大学のなかでも有名ではなかった（つまり、名前も知られていなかった）ので、まーしかたないだろう、と私も何も言わなかったというわけである。まーしかたないよなー。

どちらも白いからミルクになったのだろうが、そもそもミルク（乳）は、なぜ、白いのだろうか。

乳を飲む子どもにとって白がいちばんめだちやすい色だからだろうか。つまり、子どもに認知されやすく、口をつけやすいからだろうか。

もっと可能性があるのは、白以外の色であるために

3年前に引き取ったフェレットのミルク

は、そのために特別な色素を細胞内で合成しなければならず、それにはコストがかかるから、という理由である。

地面に卵を産む鳥類は、カモフラージュのために、卵に黒やら灰色のまだら模様をつける。でも深い巣の奥や、捕食者が近寄れないような場所に卵を産む鳥類の卵は、たいていは白である。カモフラージュする必要がなければ、わざわざ白以外の色の素を合成したりはしないのである。

できるだけ**無駄なエネルギーは使わず、生存や繁殖に役立つことにエネルギーを使う……そういう生物を、進化はすくい上げるのである。**

まー、今はそんなことはどうでもいいのだ。

いや、どうでもいいと言うのは言いすぎた。でも今の話のなかでは、まーどうでもいいか。

いや………

つまり、私が言いたいのは、イタチの代役として私のすばらしい実験に大変な貢献をしてくれたミルクは（実験の内容がお知りになりたい方は、『先生、子リスたちがイタチを攻撃しています！』を読んでいただきたい）、目下、ゼミ生のTさんの卒業研究で活躍してくれている、ということなのだ。

Tさんは、自宅でもフェレットを二匹飼っている動物好きの女性で、そんな理由もあって、フェレットの行動を卒業研究のテーマに選んだのである。

Tさんの実験の話は、またあとでするとして、ミルクは、いつもは、飼育室のなかのフェレット用のケージに入れられて過ごしている。

世話は基本的に私がしており、餌やりとケージの掃除をしているのだが、掃除の間はミルクは、飼育室で自由に走りまわることができる。

同じく飼育室で飼われているアカネズミにちょっかいを出したり、ナガレホトケドジョウの水槽にのぼって水を飲んだり、掃除をしている私の体にのぼって（服に爪をかけて垂直面でものぼるのである）、私の顔をなめてみたり（遊びに誘っているのである）……なかなか騒々しい。

掃除が終わると、遊んでやることもある。

ちなみに、フェレットを遊びに誘うやり方は、イヌを遊びに誘うやり方とよく似ている。つまり、間のとり方や動作などが似ているのである。

お互いに、跳ねるようにして牽制しあいながら、相手との、時間的空間的間合いやリズムを、合わせたりずらしたりしながら近づいていくのである。

そうそう、「ミルク」と言ったら忘れてはならないのが、ミルクのケージのすぐ横に置いているケージの住人、ホバである。

ホバは、九歳くらいになるドバトで、幼いころ、大学の建物の壁と壁の間に落ちていたところを保護されたのだ。右の翼の骨が回復不可能に折れており、飛ぶことができず、ずーっと、私や私の家族と一緒に暮らしてきた。

いつもは私の自宅にいるのだが、冬は自宅が寒いので、飼育室のミルクの横に間借りしているのである。

両者は、本来、「食う—食われる」の関係なので、ケージから出して遊ばせるときは、ミルクを飼育室、ホバを飼育室の隣の実験室に放してやる。

ただし、時には日光浴もさせてやらなければならないので、大学が休みの日、キャンパスに学生があまりいないとき、二匹を大学の屋外の芝生に放してやって自由に遊ばせてやる。

二匹とも私を親のように慕っているのだろう、私から遠くに離れることはない。

でも、万が一、ミルクが何かとても魅力的なものを見つけたりして、私の手の届かないところへ行かれても困るので、屋外に出るときは、二匹を脇に抱えるようにして持ち、反対の手に〝たも網〟（魚をとったりするときによく使う、柄《え》のついた網）を持っていく。

脇で二匹が騒がしくするので（さすがに、そこでは、食う—食われるの関係は発現しない）、「静かにしなさい」みたいなことを言いながら、なんか、幼い子どもを連れて遠足に行くときみたいだなーと思いながら、ちょっとした幸福感を感じながらお出かけをする。

ちなみに、**私に、たも網を持たせると、ちょっとすごいよ。**

小学生のころ、父や兄たちと一緒に、真夜中に、ガス燈と（片方の柄の端にヤスがついた）たも網を持って魚とりに行ったとき、私は、土手の木から飛び立っ

休日には、ミルクとホバを連れてピクニックに出かける

た鳥を、たも網でキャッチしたのである。
そのときの手の感触は今でも覚えている。

もちろん偶然入ったのではなく、体が反射的に動いたのである。

魚とりに行って鳥とりをしたのであるが、私の脳はよほどうれしかったらしく、今でもその状況が自然に思い出されることがある。

要するに、**おてんば娘のミルクであっても、たも網を持った私から逃れられる確率はきわめて小さい、**ということである。

二匹は日光の下、気持ちよさそうに動きまわる。

時々ミルクが、肉食動物の血が騒ぐのか、ホバの尾羽に飛びかかるような勢いで追いすがり、私に叱られたり、ホバが餌を探しているうちに、植えこみの木の

時々、ミルクの野生の血が騒ぐのか、
ホバの尾羽に追いすがって、私に叱られる

なかに入って動けなくなり、私が出動したり、なかなか賑やかだ。
私は芝生の上に寝っころがって、空を見たり、二匹の様子を見たりしているのであるが、時々、ホバが嘴《くちばし》を使った挨拶をしに私のところへもどって来たり、ミルクがもどって来て私の体の上にのって遊びを仕掛けてくる。

これはごく一例で、とにかく、いろんな動物たちのおかげで充実した時間を過ごさせてもらっている私であるが、今回、**ミルクの身に、涙が出そうになるほど心配した事件が起きた。**

事件は、地下室で起きた！

ミルクが遊びを仕掛けてくる

それはTさんの卒業研究に関係して起こった事件だった。

Tさんの卒業研究のテーマは、「フェレットが糞尿する場所についての特性とその意義」みたいなことである。（〝みたいな〟とは、いい加減すぎるじゃないかと読者の方は思われるかもしれないが、まだ明らかにされていないことを調べるときは、どんな展開になるかわからないので、テーマ名が確定できないのである。）

冒頭でもお話ししたように、Tさんは自宅でもフェレットを二匹飼っていた。その二匹にも協力してもらって、そういったことを調べているのである。

フェレットを飼った経験がある方なら、よくご存じだろうが、フェレットはケージのなかのいくつかの場所に、集中して糞尿をする。

ちなみに、フェレットと同じイタチ科のニホンイタチや、日本で市街地を中心に増えているチョウセンイタチでは、巣穴の出入り口のまわりに集中するように糞尿をする習性が見られることを、以前、当時京都大学の研修員だった渡辺茂さんに聞いたことがある。

フェレットの場合も、本来は、巣穴の出入り口のまわりに集中するように糞尿をする習性があり、それが、狭いケージのなかでは、ケージ内のいくつかの場所に集中して糞尿をする形で現われている、という可能性もある。そういった可能性を調べるためには、少し広めの場所で、フェレットの糞尿行動を調べる必要がある。

ところで、私はどうも、雑で、行きあたりばったりの人間のように見られているようなのだが、実際そうなのだが、実は、瞬時に緻密な計画をたちどころに組み立ててしまうようなところもあるようなのだ。

Tさんと、卒業研究のテーマについて話をしていたときもそうだった。Tさんの希望や、家でフェレットを飼っているといった状況などを聞いた時点ですでに、実験の仕方などについて細部にわたるまで頭のなかにデザインができていたのである。


実験の場所は………〝地下室〟である。


この〝地下室〟については、少し説明が必要だろう。

大学の研究棟から道路を隔てた山の入り口に、六×六×深さ二・六メートルの直方体の窪地が掘ってある。床と側面はコンクリートで、上には、金属の蓋（天

この地下室で事件は起きた！　日中は金属の蓋を何枚か開けておき、壁に設置してある梯子を使って出入りする

井）がのせてある。

もともとここは、近くにある化学実験室から出る有害物質を無毒化する装置をなかに設置するためにつくられたのだが、地盤沈下などのために使われなくなったのだ。そして、そのままずっと放置されていたのだ。周囲は草に覆われていた。

そんな場所を私がほうっておくはずはない。夏はなかが暑くなるので使えなかったが、それ以外の季節は、よい実験場兼飼育場になる。**私は、いつか、何かに使ってやろうと思っていた。**

ちなみに、私のこの地下室の使用については、一部の学生をのぞいて、大学の教職員の誰にも言っていない。特に許可も得ていない。

だから**この話は、けっして口外しないでいただきたい。**

秘密の地下室を使ってTさんの実験は始まった

さて、Tさんの話を聞いたとき、私はすぐその実験室のことを思い出した。フェレットの実験は、地下室がもってこいの場所になる、と考えたのだ。そして実際、昨年の半年間、Tさんはその地下室で、ミルクなどを対象にした、糞尿をする場所についての実験を行なった。

まだ実験は終わっていないのだが、これまでにTさんが得ている結果は興味深いものである。

フェレットは、糞尿を、七カ所ほどの決まった場所に行ない、その場所は、地下室の底面（床）と四つの側面の接点近くであった。床の中心に置いた巣箱の入り口やその周辺ではなかった。

これらのことから、Tさんは、フェレットの溜《た》め糞尿は、自分の縄張りのアピールなどに使われているのではないかと推察している。そして、もし、溜め糞尿

フェレットは、7カ所ほどの決まった場所に糞尿をした

が縄張りのアピールに使われるとしたら、フェレットは、少なくとも自分の糞尿と他個体の糞尿とを区別し、他個体の糞尿に対しては、自分の糞尿に対するのとは違う反応を示すはずだ、と考えている。就職活動の合間を縫って、今、それを調べる実験を行なっている。

さて、昨年の秋、Tさんの、地下室での実験が中断したことがあった。中断した理由は……**ミルクが地下室から消えたのである。**一週間ほど。

ミルクを、いつも飼っている飼育室から、Tさんの実験のために、地下室に移してから、私は一日おきくらいに、ミルクの様子を見に地下室に行っていた。

ミルクは、日中はたいてい巣箱のなかで寝ていたが、時には私が立てる音を聞いて起き上がり、しばらく私と遊んだ。起きてこないときも、私は、ミルクが気持ちよさそうに寝ている顔を見て、いずれにせよ元気なミルクの姿を確認してから地下室をあとにした。

ところが、**その日、地下室に行ってみると、ミルクがいないのだ！**

巣箱にもいない。

もちろん巣箱の外にもいない。

地下室から外へ出た可能性も考えて、隙間がないか探してみたけれど、どこにもない。ということは、誰かがミルクを外に連れ出したということか……？

すぐに、Tさんに電話してみた。Tさんは、まったく知らない、と言う。ほかに可能性が考えられる学生に電話してみたのだけれど、全員、知らない、と言う。

さて困った。**いったい、どうしたものか。**

私は、理由を考えながら、地下室を去る前に、もう一度だけ、地下室のすみずみを見てまわることにした。

そして、見つけた。

そこは暗くなった地下室の隅にある、枯れ葉のまじった土がたまったような小さな区画である。よく見ると、そこに、土の盛り上がりと、穴のようなものがあった。その構造からは生き物のニオイがした。

はっとして近寄ってみた。

間違いない。ミルク失踪の原因がここにある。

そのときまでは、窪みは、枯れ葉のまじった土に埋もれ、気にもとめていなかった。ところが、おそらくミルクがそこを掘ったのだろう。

ミルクが掘ったと思われる穴の先を調べようと、その窪みから土を取りのぞいていくと、その構造がわかってきた。

窪みは、広さ一五×一五×深さ一〇センチくらいの直方体であり、そこに天井から地下室に漏れてきた水が集まるような構造になっていた。そしてその窪みの下のほうに、直径五センチほどのパイプがつき出ていた。

おそらく、パイプは、地下室から、緩やかに下降するように道路側にのび、窪みにたまった水を外へと排出させるような走行になっているのだろう。

ミルクは、パイプのなかに入っていったのだ!

枯れ葉のまじった土をどけてみると、外につながるパイプが現われた

フェレットも含め、イタチ科の動物は、隙間や穴に入るのが大好きである。土を掘るのも好きである。

おそらく、ノネズミやノウサギなどの獲物をとらえることに適応した習性だろう。

私の心は穏やかではなかった。

狭く暗いパイプのなかで、体をのばして移動するミルクの姿が頭に浮かんできた。無邪気な顔をしていた。

私がなにより心配したのは次のような状況である。

パイプは、内面がツルツルで、地下室の排出口から道路側に向かって下降していると思われる。もしパイプの内部がどこかで行き止まりになり、ミルクが、後もどりしようとしたとき(イタチ類は、前を向いた格好で、そのまま後ずさりができる。穴のなかを移動する動物の適応的な能力だろう)、パイプのなかが滑って後ずさりできなかったら……。

とりあえず私は、地下室の排出口のパイプの口のところと、窪みのなかやそのまわりに、ミルクがいつも食べている市販のフェレット・フードと鶏肉を置いた。

パイプのなかのミルクがニオイにつられてもどって来るかもしれない、と思ったからである。

そして、その周辺の餌も食べて、満足して巣箱に入ってくれるかもしれないと思ったからである。

次に私がやったことは、パイプの走行が記してある図面を手に入れることである。地下室を出たパイプが、どこをどう走り、どこで分岐し、どこに開口するのか……といったことが知りたかったのである。

事務室に行って、担当のMさんにお願いし、一〇年くらい前に描かれたと思われる図面を探していただいた。待つこと数十分、それらしい図面がやっと見つかった。細かい線がいっぱい走っていて、研究室でゆっくり見ようと、お礼を言って事務室をあとにした。

しかし、**残念ながら、私が知りたかった情報は、その図面からは得られなかった。**

こうなったら、ミルクが後ずさりして、地下室にもどって来るのを待つしかない。もどって来てくれることを期待するしかない。

私は、それから、祈るような思いで、時間を過ごした。

毎日、地下室に行って、「もどっていないか」あるいは「餌の食べかすのような、もどった痕跡はないか」を調べた。

そして**一日過ぎ、二日過ぎ、三日過ぎ……。**

痕跡も、もちろん本体もまったく見つからなかった。

だんだんと絶望感が増していった。

地下室で実験を始めるとき、どうしてもっと注意深く、すみずみまで調べておかなかったのだろうか。後悔の念も増していった。

でも、点検と、新しい餌の取り替えはやめなかった。


そんな日々が過ぎていったある日、事件発生から一週間ほど過ぎたころ、**重い足どりで、日課になった点検のために地下室に足を踏み入れた私が見たものは……。**

ところどころ泥がついて汚れていたが、でも真っ白い体の動物が、首を上げてこちらを向いて立っていた。

私は、反射的に、排出口に走り、**靴下を脱いで、パイプの口に詰めこんだ。**それからミルクを抱き上げてやった。

ミルクが一週間の間、パイプのなかで、どんな生活をしていたのかはわからない。

何を見て、何を嗅いで、何を聞いていたのかはわからない。

パイプのなかで、ミルクは、私のことを思い出したりしたのだろうか。アイツと遊びたい、とか思ったりしたのだろうか。

今は、実験も終わり、もとの飼育室で暮らしているミルクだが、彼女が何を感じ何を考えているのか——そういった疑問は、今、動物行動学や比較認知科学のまじめなテーマになりつつある。

テニスコートで
死にそうになっていたクサガメ

クサガメとイシガメの違いは実に面白い

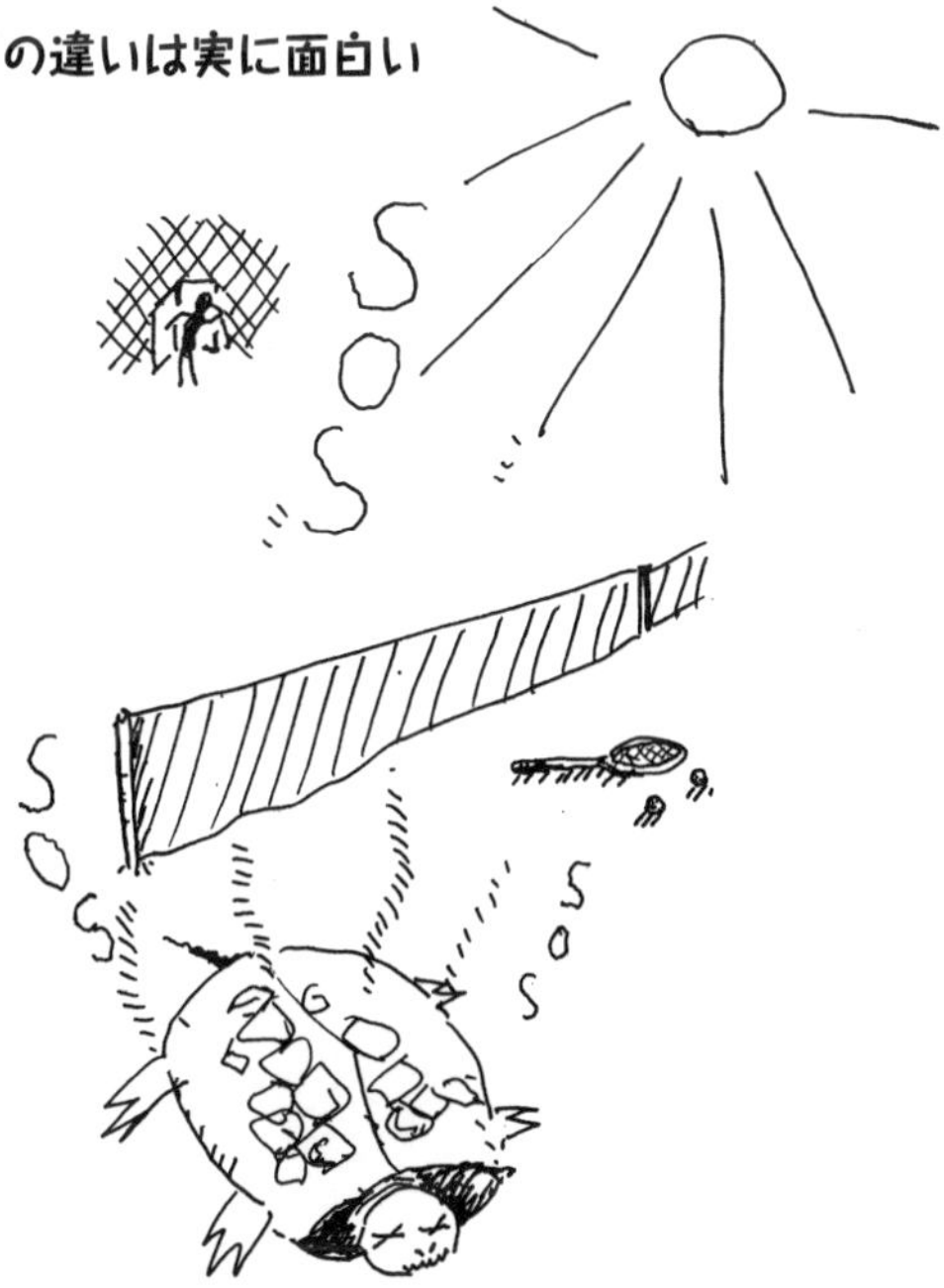

初夏のある午後、保全生態学実習の準備で、大学の森の整備をしていた。森のなかに調査区のロープを張り直したり、林内の移動経路の草を刈ったり……数時間作業を続けていると汗びっしょりになった。

一段落して、森から出て建物のほうへ歩いていると、大学事務のHさんに出会った。Hさんは設備の管理を一手に担当されており、私は実験室の電気系統の改善のことから、キャンパスの樹木のことまで、大変、大変、お世話になっていた。仕事の正確さや人柄にはほんとうに頭が下がる思いでいた。

そして、Hさんに会うと私は笑顔になり、何か話しかけたくなる。

「暑いですね」とかなんとか言うと、いつものようにさわやかな笑顔と返事が返ってきた。そしてその返事のあと返ってきた言葉は、私の心を大きく揺さぶった。それは次のような言葉だった。

「テニスコートのなかにカメがいて、出られなくなっているようですよ」

Hさんはもちろん私が動物好きであることを知っていて、この貴重な情報をくださったのだ。

私はその言葉にすぐに反応した。

テニスコートといえば、私がさっきまで作業をしていた森のすぐ近くである。森のなかには池もある。おそらく近くの森に棲んでいたカメが、「たまにはテニスでもやってみようか」とかなんとか思ってやって来て、テニスの道具でも探していたときに出入り口が閉められてしまったのだろう。

気の毒に思う気持ちと、「いったいどんなカメだろう！」という気持ちが一緒になって、**私の心はざわめきはじめた。**（私の経験では、結構こういうとき、驚くようなカメに出合うことになることがあるのだ。ガメラだったらどうしよう。）

私は研究室で用事をすませたあと、すぐにテニスコートに向かった。

テニスコートは、高さ四メートルほどの金網のフェンスに囲まれていた。出入り用のドアは一カ所だけにあり、基本的には部員がコートを使うとき以外は閉め

このテニスコートにカメが閉じこめられているらしい。いったいどこに？

られていた。

数分歩いてテニスコートに着き、出入り口のところへ行ってみると、ドアはしっかりと閉められていた。しかし鍵はかかっておらず、私はドアを開けてなかに入った。

ワクワクしながら、二〇メートル四方の地面にジーっと目を凝らした。

しかし、一点から眺めただけではカメの姿は確認できなかった。コートの隅のほうには草も生えており、そのなかに入っている可能性もある。私はフェンスに沿ってゆっくりと歩きはじめた。

しかし、**なかなかカメは見つからなかった。**

ひょっとすると、もうカメは、テニスコートのなかにはいないのかもしれない。

ひょっとするとカメは、出入り口とは別な場所から入ってきて、しばらくなかを歩きまわったあと（そのときにHさんに見られた?）、また、その場所から出て行ったのかもしれない。

「やっぱりボクにはテニスは向いてないよ」とかなんとか言いながら。

そんな思いが頭をもたげてきたころであった。さすがに私の目は「神の目」と言われるだけのことはある。（自分で言っているのだけれど。）コートの近くに並べられているプラスチックの椅子の下に、黒いかたまりを見つけたのだ。

いた！

私はそれがカメであることがすぐわかった。もちろん頭や手足は完全に甲羅のなかに入れておりまったく動かなかった。黒い石のようにそこにあるだけだ。でも**私はその石に、命の気配を感じた。**（小さなことでも大きく言う。それが〝少年〟の特徴であり、私の特徴でもある。でも〝命の気配〟はほんとうである。）

影が覆ってよくは見えなかったが、甲羅の表面に、生命体しかつくり出せない〝命の模様〟のようなものが感じられたのである。

ちなみに、カメの甲羅は、カメの体の内部の肋骨が拡張したものである。六角形の〝パネル〟が一つの単位になり、カメの〝生身〟をカバーする甲羅全体をつくっているわけだが、カメの成長にともなって**甲羅全体が大きくなっても、この六角パネルの数は変わらない。**つまり、六角パネルは互いにモザイクのようにキッチリと並んだままで、一つひとつの六角パネルは、形を変えることなく大きくなっているのだ。

よく考えてみるとこれは不思議なことだ。どうして甲羅はこんな成長の仕方ができるのだろうか。たとえば、一つの六角パネルが大きくなると、ほかの六角パネルが押されていびつな形になってしまうのが普通ではないか。

　長くなるので詳しい答えはまた別の機会に譲るが、要するにこの問題は、甲羅の成長を平面で考えるから不可解になるわけだ。

　少しふくらませた風船に、油性マジックで、互いにピタッとくっついた六角（つまりミツバチの巣のような図）を描き、空気を吹きこんでみればよい。六角は互いにピタッと並んだまま、形を崩さず大きくなっていく。

　まーそういったことが、カメの成長とともに甲羅でも起こっているのである。（つまり甲羅は、厚さを増しながら、上へ上へと表面を押し上げるように成長しているのである。）

　そして、四季のある日本に生息しているクサガメの場合、季節によって成長度合いに偏りができるため、

上がテニスコートで見つかったクサガメ。下は1、2歳のクサガメ

ちょうど木に年輪ができるように、一つひとつの六角のなかに年輪ができている。つまり、六角の年輪を数えることにより、年齢がわかる、ということである。

この原理で、テニスコートのカメ（このように書くと、頭にリボンでもつけた優美なカメみたいな感じがする）の年齢を査定すると、カメは一〇歳くらいかそれより少し上、という結果になった。まーそんなもんだろう。

それから、言うのが遅くなったが、**このカメ、結構デカイのである。**（甲羅の長径が二二センチメートルもあった。）最初見たときはさほどには思わなかったのであるが、まじまじと見ると、そのデカさがひしひしと感じられてきた。

種類はクサガメだったが、その大きさから判断して雌だろう。

一つひとつの六角のなかに年輪ができる。
この年輪を数えるとカメの年齢がわかる

ところで読者のみなさんは、カメの雌雄判別の方法をご存じだろうか？

その方法の一つは、頭と両手両足を甲羅のなかへ強く押しこむことである。雄だと、尾が出ているところからペニスが出てくる。雌だともちろん出てこない。

そうやって確認してみたかって？

いや、そんな乱暴なことをする気にはとてもなれないような雰囲気を、カメは漂わせていた。

カメの顔を見ようと両手でカメを持ち上げ、正面から顔をのぞくと、カメは甲羅のなかにしっかりと顔を引っこめていた。手も足もである。

でも**私はそれでちょっと安心した。**

というのは、それはカメが生きているという証拠だからである。カメは特定の筋肉を収縮させて顔や手足を甲羅のなかに引っこめる。それはカメが生きているからできることであり、死んだらできない。

私は、カメが甲羅から顔を出すのを少し待つことにした。

カメを持ったままじっと待っていると、やがて筋肉に動きが見られ、**甲羅のなかの肉のひだからまず鼻が出てきた。**そして鼻だけが出た状態がしばらく続き、**次にゆっくりゆっくり目が**

出てきた。

ところが、**私は、その目を見て驚いた。**

その目のまわりの皮膚が内部にひどく落ちこんでいたからである。

それは、カメの体がかなり乾燥していることを意味していた。体力もかなり消耗しているだろうと思った。

カメはテニスコートの周囲の山からやって来たものと推察された。その山には、私が知っているだけでも、いくつかの場所にため池があった。

おそらく、フェンスのドアが部員の不注意かなにかで開いているときになかに入り、その後閉められたまま、昼間、直射日光が降り注ぐコートのなかで、体が乾燥していったのだろう。何日間、テニスコートに閉じこめられていたのかはわからないが。

甲羅のなかの肉のひだから出てきた目を見て驚いた。
目のまわりの皮膚が内部に落ちこんでいる！

私は急いでカメを大学の飼育室に連れていき、大きな水槽に、カメの甲羅の高さくらいの水位まで水をため、カメをゆっくりと入れてやった。

なんとなく、ゆっくりと、ゆっくりと、少しずつ水に浸けてやらないといけないような雰囲気を感じていたからである。冷えきった体を、熱い湯に少しずつ沈めていくような感じとでも言えばよいのだろうか。

水に浸けられたカメはまったく動かなかった。

忍耐強く思慮深い私は、数分間カメの様子を見たあと、部屋を暗くしてその場を離れた。クサガメの習性を考えての処置であった。

そして数時間ほどしてもどってみて驚いた。目のまわりの落ちこみが大分浮き上がっているではないか。

おまえはカップヌードルか――といった気持ちである。

（ちなみに、あとで、そのカメの名前はラーメンにした。）

でも動きはほんとうに弱々しく、衰弱の様相は明らかだった。

その状態を見た、忍耐強く思慮深い私は、次の行動に移った。

次の行動とは、「餌を与えること」である。

私は研究室に行き、カメ専用の高級餌の容器を持ってもどって来た。

読者の方のなかには、どうしてそんなに都合よく研究室にカメの餌が置いてあるのか、いぶかる方もおられるかもしれない。それもごもっともである。

説明が遅れたが、私は研究室で、これまた大きな（甲羅の長径約二二センチ）雌のイシガメと、二匹の小さな（甲羅の長径約四センチ）クサガメを飼っていた。

ちなみに、大きなイシガメは、大学の近くにある袋《ふくろ》川という川へ、イモリの調査に行ったときに、卵を産みに川岸に上がってきていたのだ。

なぜ、「卵を産みに」ということがわかるのか、いぶかる方もおられるかもしれない。それもごもっともである。それは次のような理由からである。

①イシガメと出合ったのが六月で、産卵期として知られている時期と一致する。

②研究室に連れて帰ったら、翌日四個の卵を産んだ。

卵を産みに岸へ上がってきたイシガメをつかまえるとはかわいそうじゃあないか、と思われる方もいるかもしれない。それもごもっともである。**しかし、私にも言い分がある。**

①そのカメが卵を産もうとしていたなどとはまったく思いもしなかった。

②齧歯類《げっし》などがヘビにどのように反応するかを調べるとき、同時にカメに対する反応も調べる必要があった。（ヘビに対する反応が、ヘビのみに現われる行動なのか、それとも、爬虫類や動物全般に対して行なわれる非限定的な行動なのかを知る必要があった。）

③大きくてめずらしい動物を見ると体が勝手に動いて、気がついたら捕獲してしまっている。

まーそういうことで、大きなイシガメ（名前はタマゴ）が、私の研究室の机のすぐそばで、九〇×五〇×高さ四〇センチの容器に入って暮らしていたのである。

もちろん容器は床に置かれていた。高い場所には、大小さまざまな水槽が、タマゴの容器を上から見下ろすようにそびえており、新しい容器が入るような隙間はまったくなかった。

左は大きなイシガメのタマゴ（名前です）。
右は小さなクサガメ、上がウドンで下がソーメン

二匹のクサガメ（ウドンとソーメンという名前である。ラーメンの名前をつけたとき、ついでに命名した）についても、これも、実験のために飼われており、最近では、カヤネズミのヘビに対する行動を調べたときに手伝ってもらった。

小さなジムグリという種類のヘビと、小さなクサガメが、それぞれビニールの網袋に入れられて、カヤネズミの飼育容器に置かれたのだ。

つまり、私の研究室には、これらのカメたちのための、大小さまざまな〝カメの餌〟が常備されていたというわけである。

さて、私は、タマゴのための高級な餌を、ラーメンにさりげなく与えてみた。

病み上がりなので食べない可能性もあるな、と思いつつ与えたのだが、結果は、半分当たって半分はずれていた。

ラーメンは、餌を食べようとして、ゆっくり餌のほうに向いて口を開いて飛びつくのであるが、おそらく体力を消耗していたためだろう。**あまりにも動作がゆっくりしていて、自分が起こした波で、遠くへ流れていく餌に追いつくことができないのだ。**

一計を案じた私は、今度は、小さなクサガメのための小さな粒の餌をラーメンに与えてみることにした。小さな餌粒は、表面張力の関係で（このあたりの説明については問いつめられると困るのだが）、ラーメンの口のまわりにくっつき、ラーメンが力なく、ゆっくりと口を開けて飛びついても、簡単に口のなかに入ったのである。（私は、これまでの経験から、そんな結果を予想していた。）

ラーメンは、口に入った餌を、パリパリ言わせながら噛み砕いて食べていた。

一安心である。

少し多めに小粒の餌を与えて、飼育室を暗くして、その場を去った。

このような実に機転のきいた、かつ献身的な世話により、テニスコートで干からびて死にかけていた巨大クサガメ、ラーメンは、奇跡的に助かったのである。

すばらしい話である。

さて、それから一週間ほどして、私は元気になったラーメンを、タマゴの飼育容器に入れ、同居させることにした。

そうすれば、多少でも世話の手間が省ける。それに、ここが重要なのだが、二匹を同居させれば、イシガメとクサガメという、同じく水生ではあるが種の異なるカメの行動の違いを、直接比較しながら観察できるではないか。

そんなにうまくいくかいな？といぶかる方もおられるかもしれない。

でも大丈夫。

私は、興味深い両者の違いをいくつか、すでに発見しているのである。

たとえば、次のような習性の違いである。

デスクワークに飽きて、遊び相手がほしくなった私が、足元のラーメンかタマゴを持ち上げて、顔を彼らの顔の正面に近づけると、どちらのカメも頭を甲羅のなかに入れてしまう。

水中から持ち上げられて、怖い顔を目の前に近づけられれば、まー、そうするだろう。というか、そういうときのために彼らは、重い甲羅をしょっているのだ

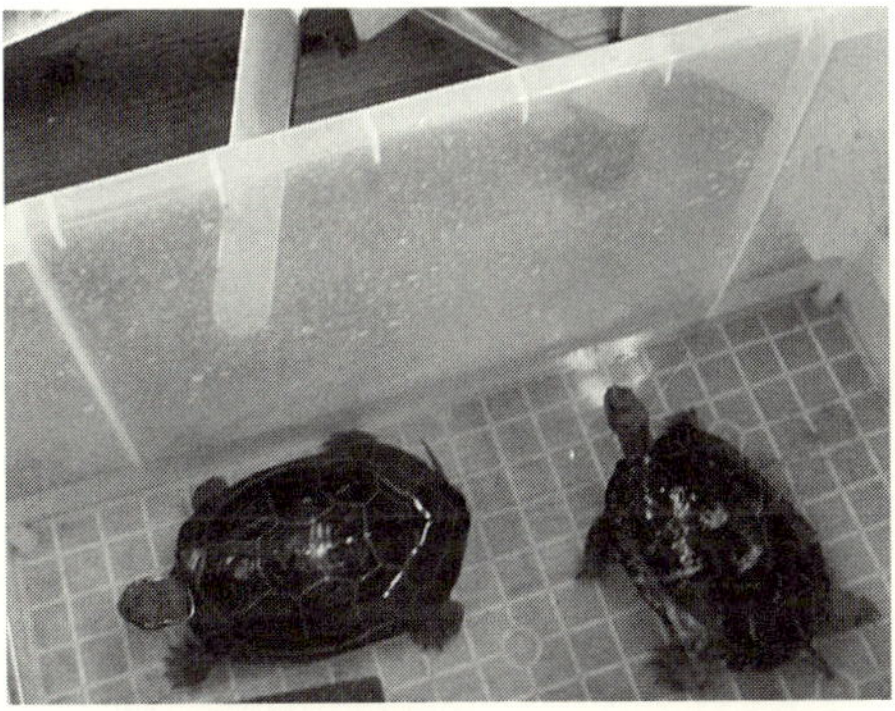

イシガメのタマゴとクサガメのラーメンを同居させれば、
行動の違いを直接観察できるだろう

から。

クサガメとイシガメとで差が出るのは、それからだ。

クサガメのほうは、いつやっても次のような具合である。

数十秒、場合によっては数分間、まず、鼻（正確に言うと、鼻の穴）だけを、空気に触れるように、甲羅の奥の皮膚のたるみからつき出し、その状態でじっとしている。（おそらく、鼻から外界のニオイを嗅ぎとっているのではないかと推察される。）

その間、私は、手に持ったラーメンを、じっと動かさずに持ちつづけているのだが、やがて、鼻が少しずつ、皮膚のたるみから出てきて、その後ろの小さな目が、いよいよ、ゆっくりゆっくり現われてくる。

目が全部外に出てくると、また数十秒から数分間、

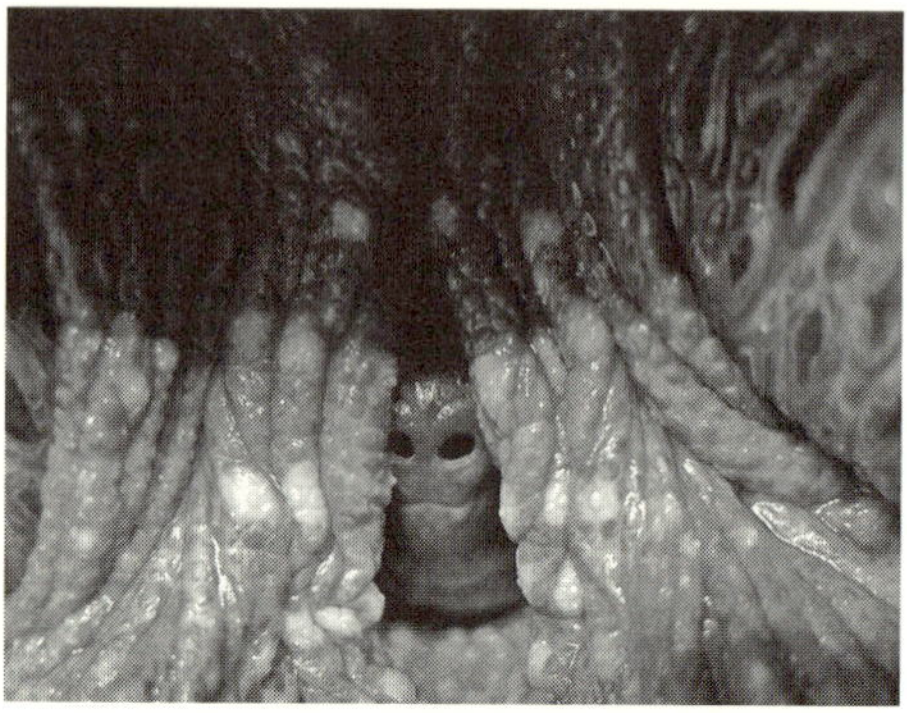

クサガメは、まず鼻の穴だけをつき出す。
そのまま数十秒から数分間じっとしている

動作が止まり、次に、頭部が、またゆっくりと外に出てくる。このころになると、手足も外へ出て、カメは、甲羅からすべてを出し終わる。

「やっと出たか。ラーメンがのびてしまうぞ」という私の恒例のツッコミが、そこで入る。

一方、イシガメのほうはちょっと違う。

まず、鼻先だけを空中につき出すところはクサガメと同じだが、そのあとが早い。数秒後にはもう目を出しはじめる。そして、その目は、大きくてクリッとしているのである。

そして目を出してしまうと、すぐに頭も出し、それから頭を左右に振ったり回したりして、いかにも周囲を見まわしている、という動作をするのである。

もちろん、頭を出したときには手足ものばされてお

その後ゆっくり目が出て、また数十秒から数分間。ようやく頭部が外へ出てくる

り、これまた勢いよく動かしている。

そこで、**「早いな〜。タマゴがまだ半熟だぞ」**という私の恒例のツッコミが入る。

ところで、読者のみなさんは、「ラーメンとタマゴにはどうしてこんな違いがあるのか（何か奇妙な響きになってしまう）、つまり、クサガメとイシガメの間にどうしてこんな違いがあるのか」について、どう思われるだろうか。

私は、このような違いの背景には、**クサガメとイシガメの生き方の違い**があると思っている。

つまり、こういうことである。

クサガメはイシガメに比べ、視覚よりも嗅覚に頼って生きる種なのではないだろうか。そして、土や石などの自然物のなかに隠れたり、甲羅のなかに身を潜め

イシガメのほうは、あっという間に、鼻→目→頭を出す

たりして、イシガメよりも慎重に行動する種なのではないだろうか。

そのような生き方の違いは、動作の速さや（イシガメはクサガメよりも動作が機敏である）、形態にも現われていると思う。

たとえば、目である。クサガメのほうが目が小さいことは先にお話ししたが、それ以外にも**クサガメの目は、ご丁寧にも、迷彩がほどこしてある**のだ。つまり、クサガメの首や顔には、迷彩のためと思われる、黒地に黄色の点や線がちりばめられているのだが、目にも同じような黄色の線が入っているのである。だから、獲物を、その〝目〟を手がかりにして見つけ出すという習性の捕食者にとっては、**クサガメはきっと見つけにくい存在**なのである。

一方、**イシガメのほうは、相手が見つけるよりも自分のほうが先に見つけて逃げる、**あるいは、見つけられても素早く逃げて難をのがれる、といった戦略なのではないだろうか。

いずれにせよ、私は、このように、何歳になっても自ら新しい発見をすべく、毎日挑戦の日々を送っているのである。実に立派だ。

さて、ついで、と言ってはなんであるが、私は、ラーメンとタマゴに関する発見を、別の比較に応用してみた。

大きなクサガメ・ラーメンと、小さなクサガメ・ウドンとソーメンにおける、甲羅から頭を出すまでの時間の違いに、ラーメンとタマゴに関する発見をあてはめてみたのである。私くらいの研究者になると、生き物に関する一見ささいな出来事であっても、大切に脳の引き出しにそっとしまっておくのである。

私は、同じクサガメでも、大きなラーメンと、小さなウドン・ソーメンの、驚いて甲羅に頭を引っこめてから再び頭を外に出すまでの時間に、はっきりとした差があるのを見のがさなかった。

つまり、ウドンやソーメンの場合、「驚いて甲羅に頭を引っこめてから再び頭を外に出すまでの時間」が、総じて明らかに短いのである。そこで私は、この現象に、ラーメンとタマゴに関する発見をあてはめてみた、というわけである。

その結果、ラーメンとタマゴの場合の「再び頭出しまでの時間」の違いと、ラーメンとウドン・ソーメンとの「再び頭出しまでの時間」の違いは、別な理由で生じているという推察にいたったのである。

つまり、こういうことである。

読者のみなさんは、小さいクサガメの甲羅の硬さを意識されたことがあるだろうか。

小さなクサガメの甲羅は、大人のクサガメの甲羅と違って軟らかいのである。そもそも薄いのである。だから、かりに甲羅のなかに頭を引っこめても、甲羅の上から、歯でがぶりと噛まれれば、あるいは、鋭い嘴《くちばし》でつつかれれば、歯や嘴は、容易に、甲羅をつきぬけてしまうのではないだろうか。

ではなぜ、子クサガメの甲羅は、大人クサガメのように、歯や嘴を防げるくらい硬くないのだろうか。

それはおそらく、「子ガメは小さいから、いくら甲羅が硬くても、少し大きな哺乳類や鳥類なら飲みこんでしまうから」ではないだろうか。つまり、**いくら甲羅に投資して、硬くしても、それは無駄な投資になってしまう**……ということである。

一方、大人のクサガメになると、甲羅のなかに引っこめば、大きすぎて飲みこむことはできず、これで甲羅が硬ければ、大いに身の安全につながるのではないだろうか。つまり、甲羅に投資して硬くすることが、ちゃんと利益を生む、というわけである。

子ガメでも、甲羅のなかに身を隠して静かにしていれば、捕食者に見つかりにくくなるという傾向はあるかもしれない。しかし、見つかってしまって攻撃を受けたら、いくら甲羅が硬くても、無駄ということである。

だから、子ガメのウドン・ソーメンは、見つかるまでは甲羅のなかに頭を入れてじっと隠れているのだが、いったん見つかってしまったら、頭を甲羅のなかにずっと入れておいても防御にはならず、それなら、頭を出して一目散に逃げたほうが得策ということになる。（実際、子クサガメは、ちょこまかちょこまかと、動きは機敏である。）………これが、「なぜ子ガメの〝再び頭出しまでの時間〟が短いか」についての私の推察である。

現在、イシガメのタマゴ（イシガメの卵という意味ではなく、タマゴという名のイシガメ）は、私のところにはいない。捕獲した場所へ放したからである。ありがとう、元気でね、と言って。

ラーメンのほうはまだ私のところにいる。実験を手伝ってほしいという私の願いや、「クサガメが外来種であることが確からしくなった」という、京都大学の鈴木大さんや疋田努さんたちの研究結果が理由である。

ウドン・ソーメンも同様な理由で、研究室にいる。実験を手伝ってもらっている。麺類に手伝ってもらって、これからも実験、頑張るつもりである。

ヤモリの恩返し？

私の講義「保全生態学」についての
学生のコメントとヤモリの話

どこの大学でも同じだが、私が勤務する鳥取環境大学でも、毎年、受験生や先生、保護者の方などに向けて、「大学案内」とよばれる冊子をつくる。

インターネットなどによる電子媒体を通しての宣伝が主流になりつつある昨今であるが、見たいときに見たい場所でパラパラめくって、手軽に見ることができる〝紙〟の冊子はまだまだ健在なのである。特に、みんながみんなパソコンを持ってはいない受験生にとっては。だから、少なくとも日本のほとんどの大学は、大学の宣伝の中心として、紙の「大学案内」をつくる。

そして、大学案内のなかに必ずあるのは、それぞれの大学の学部・学科ごとの講義をいくつか紹介したページである。「こんな魅力的な、役に立つ講義がありますよー」と宣伝するわけである。

さて、先日、わが鳥取環境大学の最新の大学案内を受けとった。とはいっても、完成品ではなく、最終の原稿である。「最後の点検をしてください。よく読んで、直すべきところがあれば連絡してください」と、企画広報課から渡されたものである。

なかを開いていくと、私が属する環境マネジメント学科のページがあり、そこに私が担当する「保全生態学」についての記事があった。

講義内容については、なになに………

「〝多様な生息地と生物〟、〝各々の生物の生活全体をカバーできる環境〟、〝人間生活との共存〟を指針に、教授自らの研究内容や生息地創出の実践活動を柱に生態系の保全とは何かについて考察します」

………という書き出しだ。

文章が長すぎるけど、的は射ている。

目を上にあげていくと、私が、保全生態学の講義をしている写真があり、その写真の右下に、切り抜きで女子学生がこちらにさわやかに微笑みかけている。環境マネジメント学科二年生のOさんだ！　なかなかよい人選だ。

そして、**「ココが面白い。学生の声」**という

鳥取環境大学の大学案内の私の講座を紹介するページ

タイトルの下に、Oさんのコメントらしきものが載っている。オレンジ色の円形のなかに、白抜きの文字で。

なになに………

「先生が窓際にいたヤモリをつかまえて講義をしたことがあります。実際に見て触れることで、教えられるというより、自分で考えて答えを見つけていくという感覚で楽しみながら学べます」

………………

それを読んだ私は、なんというか、少し複雑な気分になった。

自分の気持ちを分析してみて、その理由の一つがわかったような気がした。

それは、「窓際にいたヤモリをつかまえて講義をしたことがあります」という、ほとんど野生児のような行為に私の脳が反応したようなのだ。

確かに、私は、窓際のヤモリを、一瞬、講義のことなど忘れて捕獲しようとし、それを得意げに手に持って、話のネタにしたことはあった。でもそれは、次のような状況下で行なったことだったのだ。

その講義の数日前に広報課のTさんからメールがあった。大学案内に載せる講義の写真を、私の講義中に撮らせてもらっていいか、という話だった。私は大学のプラスになることには全面的に協力しようと常日ごろから思っているので、Tさんからの依頼を快諾した。

そして、撮影の日である。

私がいつものように颯爽と保全生態学の講義を始めて数十分経過したころ、Tさんに案内されて、大学案内の製作を依頼している制作会社の方が入ってこられた。

そのとき私は、部屋を暗くして、前のスクリーンに、私が実際に大学近くの河川敷で行なっている、絶滅危惧種スナヤツメの保全活動に関する写真を映して、その説明をしていたのである。

ああ、Tさんが言っていた撮影だな、と思った私は、きりのよいところまで話したあと、「ちょっと中断します」と言って、部屋の明かりをつけた。

学生に事情を説明したあと、さて撮影となったのであるが、「明るいままで講義を続けてほしい」（それはまー当然だろう）という、制作カメラマンからのリクエストにどう応えようかと少し考えた。

なにせ、予定では、暗い部屋のなかで、パソコン画面をスクリーンに映して講義をするはずだったのである。明るかったらパソコンが使えない。

何気なく窓の外を見ると、地面と屋上の芝、そしていい色合いの建物の壁が、窓の枠を飾るきれいなツタの向こうに見えたのだ。

もうあの話しかないだろう。

スナヤツメの生息地保全の話からは離れるが、保全生態学に深く関係し、日ごろはなかなかできないあの話をしようと決めたのである。

まず私は、植物からの視覚刺激（つまり緑色の植物の景色）や、植物からのニオイ刺激（緑葉から放出されるヘキセノールなどの化学物質）が、人間の血圧や心拍数、脳波といった生理的活動に与える影響につい

教室の窓の外の風景を見て、とっさに今日の講義の内容を思いつく。
あれしかない！

て説明した。

つまり、それらの刺激を受けることによって、生理的活動がリラックスした状態を示すようになるのである。

それから、窓の外に、〝緑〟が見える病室で入院生活を送った患者と、〝緑〟なしの壁しか見えない病室で入院生活を送った患者とでは、前者のほうが治りが早いことを示した論文について紹介した。（私の頭のなかには、そういった論文の内容が、いつでも出動できるように納められているのである。）

ちなみに、その論文というのは、アメリカの環境心理学者ウルリッヒがペンシルベニア州郊外の病院の一〇年間の記録を整理したものだった。対象は、胆嚢の除去手術を受けた患者専用の病室で入院生活を送った人たちであった。

さらに続けて私は、オー・ヘンリーの短編「最後の一葉」に話題を変えた。（その場で、頭に浮かんだものを組み合わせて、ひとまとまりの話をつくっていくのである。この展開……すばらしい。実にすばらしい。）

「みなさんは、オー・ヘンリーが書いた短編、『最後の一葉』を知っていますか？」とやさしく尋ねたけれど、どうも知っている人がいないように見えたので、手短に、その内容を説明した。

重い病気で入院している少女が、老画家に言うんです。「ほら、あの壁にツタの葉が見えるでしょう。あのツタの葉が全部落ちたとき、私も死ぬの」とね。

秋も深まり、ツタの葉は一枚一枚と落ちていったのだけれど、最後の一葉は粘り強く残り、その一枚を心の拠りどころにして、少女は希望をもちつづけたんですな。

ある日、激しい雨をともなった嵐が来た。風と雨を受け、震える最後の一葉を見ながら、少女は、祈りながら眠りについた。そして朝が来た。

窓の向こうに少女が見たものは、………壁にしっかり残っていた最後の一葉だったんですね。少女は、それを機に、元気を取りもどし、病気から回復していったのでした。ああメデタシ、メデタシ………ではないんですね。

老画家は………?

実は、風雨を耐えて壁に残ったツタの葉は、本物の葉ではなかったのです。それは、嵐の夜、少女が眠りについたあと、老画家が梯子《はしご》にのぼって描いた油絵の葉だったんですよ。そして、雨でびしょぬれになった老画家は、重い肺炎になり亡くなったのでした。

私の演技力もあり、学生たちは、しーんとして私の話に聞きいっていた。（単に、退屈なだけだったりして。）

自信を得た私は、まとめにかかる。

おそらく、オー・ヘンリーはウルリッヒの研究を知らなかったと思いますが、さまざまな体験のなかで〝緑葉〟の力を感じていたのかもしれませんね。（ひょっとして読者のなかに、鋭くも、老画家が描いたのは紅葉した葉じゃなかったの、と思われた方がおられるかもしれない。それについては、またいつか……。）

そろそろ撮影も終わったようだし、私は、緊急の話は終わりにして、〝暗闇の世界〟にもどろうと思った。しかし、そのまま、「はいっ、では……」と話を変えるのもかっこうが悪い。美しくない。

また頭を素早く回転させ、緊急の話を、その前まで〝暗闇の世界〟でやっていた話に結びつけ、それから、無理なく引きこまれるように〝暗闇の世界〟にもどる計画を立てた。そして実行した。学生たちに次のように話しかけながら。

みなさん、私はここ数回の講義で、「森林でも、河川でも、海岸でも、互いに異なった様相の区域がモザイク状に存在するような状況が、多様な野生生物の生息を生み出す」という話をしていますね。つまり多様な生息地があってこそ多様な野生生物も生存できるわけです。

ところで、この大学は、建物の壁を意図的にデコボコにして、壁をツタが覆いやすいような配慮がなされています。その甲斐あって、開学一〇年目で、ツタもかなり広がってきました。そして、ツタが広がることによって、そこが動物たちの新たな生息地を生み出していることにみなさんは気づいていますか?

私は、ツタのなかに独自の生態系が少しずつでき上がっていくのを、この一〇年間、ずっと見守ってきましたよ。

ツタのなかの生態系。この10年の間にカマキリやクモやチョウの幼虫などが棲みつくようになった

………みたいなかっこうのよいことを言いながら、窓際に近づいていった。自転車操業で、言うなれば思いつきで話しているとはいえ、自分の話に説得力をもたせるためには、目の前の窓枠に茂っているツタのなかに、動物が確かにいることを示さなければならない。そう思ったからである。

ただし、私は、まったく勝算もなにもなしにそんな行動をとったわけではない。

実際、〝大学が開設された初年度からツタのなかに独自の生態系が少しずつでき上がっていくのを、この一〇年間、ずっと見守ってきた〟のである。そして、アリマキや、クモやチョウやガの幼虫や、カマキリなどが、ツタの成長とともに顔を見せるようになってきたことを知っていた。

だから、そのときも、窓際のツタの葉や蔓をよく調

折よく、小さなヤモリがよくめだつ葉の上にちょこんと座っていた

べれば、何か動物が見つかるだろうと勝負に出たのである。**「お願い！　誰でもいいから見つかってね」**みたいな気持ちで。

すると、なんというか、日ごろの私の行ないの賜物というか、私の推察のすばらしさというか、まったくの偶然というか、よくめだつ葉の上に、

「見つかってあげたよ。先生もいろいろ大変だね」

みたいな顔をして、小さなヤモリがちょこんと座っているではないか。

このシチュエーションでヤモリとは、もう願ってもないストーリーである。

今までいろいろとツタのなかは観察してきたけれど、ヤモリのような大物に出合ったことはなかった。それが、まー、こんな場面で姿を現わしてくれるとは。

そういえば、この前、学生が、クラブハウス（サークルの部屋がある建物）でつかまえたと言ってヤモリを私のところへ持って来たとき、私は、ヤモリを助けてやった。

持って来た学生に、ヤモリの体や習性について解説してあげたあと、「ヤモリの名前は、〝家を守る〟＝〝家守《やもり》〟からきているんだよ。もとの場所に返して、これからはクラブハウス守《もり》としてみんなで大切にしてあげたらいいよ」みたいなことを言って、ヤモリを助けてあげたのだ。

あれがよかったのかもしれない。

そのときの私の行為が、大学のヤモリ集団で評判になり、「みんなで小林に恩返しを」みたいなことになっていたりして。

私は、先生孝行なヤモリを、感謝しながら、しかし一点の曇りもない狩人の気持ちで、さっとつかみ、………それからはもうご想像におまかせする。

自慢の気持ちを抑え、時々それがはみ出しながら、「ツタが広がることによって、そこが動物たちの新たな生息地を生み出している」、あるいは「多様な環境があってこそ多様な生物が生息できる」という原理を確認したのだった。

もちろん、ヤモリはそのままツタの原野に放してやった。

アリガトウ！

大学案内の話にもどるが、Oさんの保全生態学についてのコメント「先生が窓際にいたヤモリをつかまえて講義をしたことがあります」の背景には、このような出来事があったのである。つまり、撮影という一種のアクシデントのもとで、やむなく私が場をつないだ行為だったのである。

でも、Oさんがそれを話したということは、私の思いつきの行為が、Oさんの脳のなかに、印象的な記憶を残したのだろう。やはり、ハプニングは、それをうまく味方につければ、教育の大きな力になるのだ。

でも少し思うのである。

私の講義の、本題のほうはどうだった？

私の実際の、アカハライモリやスナヤツメやナガレホトケドジョウやホンドモモンガの保全活動にもとづいた、臨場感あふれる話はどうだった？

少しだけ複雑な気分になった。

ヒメネズミの子どもは
ヘビやイタチの糞に
枯れ葉をかぶせようとする

新しいタイプの対捕食者行動の発見！

最近、私の勤務する大学では、F先生を中心に、鳥取県と岡山県の県境にある森林（芦津《あしづ》の森）を舞台として、「森林の価値を高めるための研究」というプロジェクトを始めた。その森林がもつ二酸化炭素吸収能力や生物多様性保全の力を明らかにしたり、木材を分解してガソリンの代わりになる化学物質をつくる菌類を発見することにより、森林の価値を明確にしよう、というわけである。

私は、「生物多様性」を担当している。

まずは、森のなかに見られる異なった植生の三つの区画に着目し、それぞれの区域で、トラップや巣箱を使い、鳥獣を中心にした生息動物を調べている。

その三区画というのは、一つ目は「植林して三〇〜七〇年ほど経過した手入れがいきとどいているスギ林」、二つ目は「スギを切り、そのまま七〇年程度放置した自然林」、三つ目は「スギの伐採後二〇〇年以上放置した自然林（天然林と言ってもいいだろう）」である。

これらの区画は私が数キロメートル四方に及ぶ森のなかを探しまわって見つけた場所で、互いに近い場所にあり、標高はほぼ同じ（八〇〇メートル程度）、地理的条件もよく似ていた（すべて、同一の谷川のほとりに位置していた）。こういった条件が同じならば、「もし、そこに見られる動物の種類が違っていたら、それは、植生の違いによる可能性が高い」と、推察できるというわけである。

二年前の八月のある日、私は、頼もしい学生たちと一緒に、一〇〇個ほどの巣箱と一〇〇個ほどのトラップを持って、この調査地にやって来た。それぞれの区画の樹木への巣箱の設置と、トラップによる第一回目の動物調査が目的だった。

巣箱は、一本の木の、地上〇・五メートル、三メートル、六メートルの位置に一個ずつ、それぞれの区画で一二本の木に三六個、計一〇八個設置した。

動物がどの高さの巣箱を好むのか。また、動物によって、巣箱の使い分けがあるのかどうか、そんなことを調べるためであった。また、その後、大きさの異なる三つの巣箱を同じ高さに設置し、どれほどの大きさの巣箱が好まれるのかも調べた。

ちなみに、地上六メートルの高さの巣箱の調査は、学生たちには行なわせず、私がやることにしている。それは、地上六メートルの高さから落ちたら、打ちどころが悪ければ命にかかわる危険もあるからである。私くらいの人格者になると、学生が命を落とすくらいなら私が死のうと常日ごろから思っているのである。

それに、妻からも、常日ごろから、そのように言われているし……。

何かしんみりとした気分になってきた。話をもとにもどそう。

とにかく〝八月のある日〟は楽しかった。テントでの宿泊で、朝昼晩の食事もすべてみんなでつくり、やー、実に楽しかったなー。

二回目の作業は九月だった。一回目の作業で取りつけた巣箱の点検と、トラップによる生息動物の調査であった。

まずは、調査のベースキャンプからいちばん近い場所にあるスギ林からだ。梯子《はしご》をのぼり、興味津々で巣箱を調べていった。

さっそく、最初に調べた巣箱で、上部の穴から、巣材と思われる枯れ葉がのぞいていた。

「ああ、われわれが設置した巣箱に、森の動物が棲みついてくれている！」

この瞬間は、何度体験しても感激する。

次に、**「で、この動物は何者だろう？」**………これがまたワクワクなのである。

調査が進むにつれて、われわれも方法を確立していくのであるが、はじめのころは、とりあえず巣箱の下部の蓋を開けて、少し巣材を押し分け、おそるおそる、なかの動物を確認していった。

最初の巣箱………、巣の様子から考えて、鳥ではない。哺乳類だろう。いくつかの候補が頭

巣箱は、一つの木の地上0.5メートル、3メートル、6メートルの3カ所に、また異なる大きさの巣箱を同じ高さに設置し、どの高さのどの大きさの巣箱を動物たちが好むのか、動物によって使い分けがあるのかを調査する

に浮かぶが、それでも、ひょっとするとこちらが思いもよらない動物かもしれない……。
そうこうしているうちに、かわいいヒメネズミ（！）が、外がいやに騒がしいとばかりに、鼻先を出してくる。まずは、嗅覚で様子を探索といったところか。鼻先がヒクヒクしている。奥のほうに小さな目がのぞいている。

「ヒメネズミが入っていたぞ！」

下の学生たちに大きな声で言いながら、巣箱の蓋をさっと閉める。ひとまずはこんな調子で一つひとつ巣箱を調べていく。

私はよく、自然の面白さの一つとして「意外性」をあげる。もちろんいつもではないが、たっぷりじっくり自然とつきあっていると、**自然が、私が驚くような場面を見せてくれる**のである。それが私の研究のテーマになることも多い。
そして、そのときもそうだった。いろいろな事件が、われわれを楽しませてくれた。
たとえば、こんな〝事件〟である。

リョウブの木の、地上六メートルのところに取りつけた巣箱を調べるべく、私は梯子をのぼ

設置して１カ月後、巣箱の利用状況を調べた。巣箱の下部の蓋を開け、少し巣材を押し分けなかの動物を確認すると……かわいいヒメネズミが鼻先を出してきた

っていった。上部の穴からのぞくと、巣らしきものは見えなかった。この巣箱は空だな、と思いつつ、下部の蓋を開けると、なんとなかから、立派なミズナラの堅果《けんか》（つまりドングリ）が、雪崩を打って出てきたのだ。

堅果は、哀れ、地面で梯子を支えてくれていたAくんの頭を直撃した。

もちろん、私はすぐ蓋を閉め、堅果の雪崩を終わらせた。

私は一瞬あっけにとられたが、すぐに事情を了解した。

そして、その、いわば獲物みたいな堅果と、その〝事情〟を学生たちに知らせたくて、私は、巣箱を取り外して、梯子を下りたのだった。（なかに堅果がどっさり入った巣箱は、腕にズシリときた。）地面に下り立った私は、学生の、Aくん、Ysくん、Iyくん、Kくんを集めて、得意げに蓋を開け、その巣箱のなかの堅果を見せ、説明を始めた。説明しながら私も改めて巣箱の堅果を眺め、感慨にふけった。

状況から推察して、おそらくヒメネズミのお仕事だろうが、**「よくもまー、こんな立派な重たい堅果を、こんなにたくさん運んできたな」**という思いである。もちろん、冬に備えての貯蔵である。

「こんな、貯蔵のためだけに樹上の巣箱を利用することがあるのだなー」と、森のネズミの行

樹上の巣箱の一つには……ヒメネズミがたくわえたであろう堅果がいっぱいに入っていた。しかもその堅果にはある加工がしてあった（右下の写真に注目！）

動の深さと、その精神世界の豊かさに思いを馳せたのであった。

ところで、私は、**ネズミが堅果の一つひとつに施した加工に、大変興味を覚えた。**

その加工というのは、堅果の頭側（小さい突起がある側で、ここから根や芽が出てくる）から尻側にかけて、殻が一部、あるいは全部、剝かれている、というものである。

これは、中身（つまりドングリの本体）を食べるために剝かれたのではないことは明らかである。なぜなら、殻は剝かれていても、本体はまったく食べられていなかったからである。

この行動は、**ヒメネズミにとっていったいどういう意味をもつのだろうか。**

ちなみに、私は、以前、アカネズミの堅果の貯蔵行動について、野外と室内で調べたことがある。（今も学生の卒業研究などのテーマにすることがあるが。）

アカネズミの場合は、地面に落ちている堅果をくわえて適当な場所まで運び、地面に穴を掘って土中に貯蔵する場合が多いのだが、殻を剝くことはない。しかし、その代わりといってはなんであるが、アカネズミは興味深いことに、地面に落下している堅果から根が出ている場合には、その根を切りとってから、運んでいく。

私は、アカネズミのこの行動の意味を次のように推察した。

「根をそのままにしていたら、土中に埋めたときに根がどんどんのびて、アカネズミが食べられる本体が縮小していくからではないか」

一方、北米のトウブハイイロリスでは、堅果を貯蔵する前に、堅果の頭側の先端を、えぐりとるようにかじることが知られている。この加工は、貯蔵中の堅果の発根・発芽を防ぐためではないか、と考えられている。


このような事例も参考にして考えると、ヒメネズミの〝頭頂部殻剝き行動〟は、貯蔵した堅果の発根・発芽を抑制するために行なわれているのではないかと考えたくなる。

私は、もしかすると、頭頂部を中心にして殻を剝くと、その部分から水分が早く乾燥していき、その乾燥が堅果の発根・発芽を抑制するのかもしれない、と考えた。特に、堅果が樹上のようなところに貯蔵された場合、殻を剝かれた堅果は乾燥しやすいかもしれない、と。

これらの仮説を調べる研究は、現在遂行中である。


もう一つだけ、現場で出合った、「意外だった」事件をご紹介しよう。

もし、**蓋を開けた巣箱のなかで、母ネズミがまさに子育て中だったらどうなるか。**

子どもの成長度にもよるが、子どもが歩けるくらいまで成長していたら、巣のなかは騒がしくなる。母親と、**元気たっぷりの子どもたちが入れ代わり立ち代わり巣から顔を出して、**私が何者か確かめようとする。

あるとき、そんな子どもたち（ヒメネズミだった）の様子が面白くてしばらく見ていたら、おそらく母親が、「この人相が悪い動物は危険」と感じたのか、巣箱上部の丸い穴から外に出て、六メートル下にジャンプしたのである。そしたら、驚いたことに、**五匹ほどの子ネズミが、母親のあとに続いて次々とジャンプしていく**ではないか。私の目の前で、次々と。

その親子のジャンプ自体ビックリしたのに、**もっと驚いたのは、ネズミたちの落下中の姿勢である。**

私はネズミたちのジャンプを真上から見ていたのであるが、その姿勢たるや、手足を、ちょうど人間が飛行機からスカイダイブするときと同じように、大きく広げていたのである。

親ネズミも子ネズミも、みんなみんな。

そして、私の目には、彼らの体が確かにふんわりと、ゆっくり落ちていくように見えたのである。

ふんわりと！　ゆっくりと！

スカイダイブしたヒメネズミの親子は、枯れ葉の地面に無事着陸し、草の陰に消えていった。
学生たちにその様子を話した私は（ちなみに、こういった面白い話は、講義の時間などで、すり切れるようになるまで使わせてもらう。そうやって、講義の内容をカバーするのである）、そのあとも〝ヒメネズミのダイブ〟のことが頭を離れなかった。そして思ったのだった。

そうか、ヒメネズミと同じ齧歯《げっし》類であるムササビやモモンガ（彼らは齧歯類のなかのリス科に属する）が、手足の間の皮膜をいっぱいに広げて木から木へ飛び移る〝滑空〟は、ネズミ科にも共通する落下中の動作から進化してきたのか。

つまりこういうことである。

ムササビやモモンガは、移動のとき、木から木へと滑空する。そして、滑空時の姿勢は、まさに、ヒメネズミの親子が巣箱からのジャンプ↓落下の際に見せてくれた〝手足を大きく広げた〟姿勢と同じなのである。ムササビやモモンガでは、手足の間に、皮膚がのびてできた皮膜が広がっていて、手足を広げるとそれが〝羽〟のように働いて体が浮かぶというわけである。

おそらくムササビやモモンガの祖先種も、木からジャンプするときは、〝手足を大きく広げた〟姿勢をしており、遺伝子の突然変異で、皮膜ができた個体が、より長時間空中に浮いていることが可能になった。ジャンプして、より遠くへ移動できるようになったのである。

もちろん、現在のムササビやモモンガがもっているような皮膜は、一度の遺伝子突然変異でできたものではないだろう。長い年月の間に突然変異が重なって生まれてきたものだろう。

いずれにしろ、ヒメネズミにおいても、滑空の姿勢がすでに行なわれていた、という発見がうれしかったのである。**子ネズミが、手足をいっぱいに広げて、ふわっと落下していく**様子を想像してみていただきたい。

いやあー、おもろかった。


このようにして、いろいろな驚きを感じながら、晩夏の一日の刻々と移りゆく景色を感じながら、作業は続いていったのだった。

ちなみに、その後の調査も加え、これまでにその森で確認された動物たち（脊椎動物だけだが）を写真でお見せしよう。（次ページをご覧ください。）どうですか、豊かな森でしょう。でもまだまだ住人のリストは増えるだろうし、それぞれの住人の生態を知って、生息地の維持と回復に取り組んでいかなければならない。

そうそう、最近、学生たちと、夜、森を歩いていたとき、キクガシラコウモリくらいの結構

芦津の森の動物たち（の一部）。みんな人間と同じように力いっぱい生きているのである。❶アカハライモリ　❷ブチサンショウウオ　❸ジムグリ　❹ヤマカガシ　❺ヤマアカガエル　❻ヒメネズミ　❼アカネズミ　❽ホンドモモンガ　❾❿ヤマネ　⓫ヒミズ　⓬ヤマガラ　⓭シジュウカラ　⓮ヒキガエル　⓯ヒメネズミ

大きなコウモリが目の前を飛んでいったなー。

森はまだまだ深いのである。

さて、ではいよいよタイトルの「ヒメネズミの子どもはヘビやイタチの……」の話に移ることにしよう。

私のライフワークの一つは、「**人間も含めた哺乳類の、ヘビに対する反応**の解析」である。ヘビに対する反応を調べると、それぞれの種がもつ独自の生態的世界や認知世界に触れるような思いがすることがある。

人間の場合も例外ではない。

最近の研究では、人間の脳内には、ヘビを検出する神経回路が備わっており、それは、数回ヘビの姿を見ると、急速に活性化するような性質をもっていることが示唆されている。生まれたときから活性化しているのではなく、最初はそれほど強くは反応せず、何度かヘビに接する体験があると活性化するというのである。そして、その〝接する体験〟は必ずしも実物のヘビではなくても、映像や写真のなかのヘビであってもいいらしい。

さらに人間の場合、最初、ヘビは、警戒！の対象として脳内に現われるのであるが、その後、ヘビと同様に警戒！の対象になる神や悪魔といった人間の想像物とも関係づけられていく。外界の状況に応じてどの回路を活性化するかを選んでいく柔軟性や、その発達した脳ゆえの、学習や想像の産物とも結びつけながら因果関係（その一つが神話）をつくり上げていく人間の独自性をよく表わしている。

哺乳類のなかの一グループである齧歯類では、おそらくその体の小ささゆえにヘビの餌になりやすく、それだけヘビに対して敏感に反応し、対抗手段も発達しているのではないかと推察される。私がシベリアシマリスで発見したＳＳＡ行動（シマリスが、ヘビの体や糞尿のニオイを、自分の体毛に塗りつけるという行動で、そうすると、シマリスへのヘビからの攻撃がある程度抑制される）などはその典型だろう。

ちなみに、ヘビに出合うと、距離を保ってヘビにまとわりつき、尾を振ったり、足踏みをしたり、警戒の音声を発したりする齧歯類もたくさんいる。そうすることによって、周囲の同種（正確に言うと、血縁関係にある同種）にヘビの存在を知らせたり、ヘビにいくらかの威嚇を与えたりする効果があることが実験的に示されている。

このような行動をモビングとよぶが、私の研究によれば、このようなモビングは、家族を中心とした集団性の社会をつくるような齧歯類（プレーリードッグやスナネズミなど）では激しく行なわれ、単独性の齧歯類（アカネズミやカヤネズミ）では、あまり行なわれないことがわかっている。

後者の齧歯類の場合、いくらモビングをしても、血縁個体にヘビの存在を知らせることはできないから、モビングは発達していないのだろうと考えている。

一方、ゴールデンハムスターのように、単独性でも、体が大きい齧歯類は、しつこいモビングはしないが、しばしば、一回だけヘビに噛みつくような激しい行動を行なって、さっさとヘビから遠ざかる。大きな体だからこそ〝噛みつき〟の効果があるのだ。小さい齧歯類だと、あまり効果はないだろうし、だいいち、危険すぎる。

小さくて単独性の齧歯類ほど、ヘビを認知すると、何もせず素早く逃げ去る傾向が強い。

ところで、ヘビと同様に、齧歯類にとっては危険な存在である**イタチに対して、齧歯類はどう反応するのか？**

一〇年ほど前、中国のライスフィールドラット（強いて訳せばタンボネズミ）が、イタチの肛門腺分泌物や、排泄のときにそれが染みこんだ糞に対して、それを自分の体毛に塗りつけるという行動（**イタチ肛門臭塗りつけ行動**）を行なうことが報告された。生まれてからはじめてイタチの肛門腺分泌物のニオイを嗅ぐ子どものライスフィールドラットでも、この行動を行なうことが確認されている。

イタチに対する反応としてそれまでに知られていたのは、フリージング（イタチのニオイを感じると動きを止める）くらいであったので、ライスフィールドラットの反応は研究者の間で話題になった。ただし、このイタチ肛門臭塗りつけ行動がライスフィールドラットにとってどんな役に立つのかについては、まだわかっていない。

そんな背景もあって、私は、**子どものヒメネズミが、イタチやヘビの糞のニオイに対してどんな反応をするか**調べたいと思ったのである。

ある秋の夜、私は、研究室で一週間ほど飼育し、私にもそれなりに慣れた二匹の子ヒメネズミの飼育容器の蓋をそっと開け、アオダイショウの糞尿（ヘビの場合は糞と尿が肛門から一緒になって出てくるので分けることができないのである）を、プラスチック用紙の上にのせて、容器の地面に置いてみた。ジャブ程度の、軽い予備実験みたいな気持ちだった。

しかし、かわいい**子ネズミがそこで見せてくれた行動は、私にとって驚くべきものだった。**

なんと、子ネズミは、緊張した様子でヘビの排泄物に近寄り、さかんにそのニオイを嗅いだあと、いったん後ろに下がって、足元の枯れ葉を口にくわえたかと思うと、それを糞尿のところまで持っていき、糞尿にかぶせるように置いたのである。そして、急いでまた後方に下がっていった。

その行動が、単なる偶然ではないことは、すぐわかった。二匹目の子ネズミも、最初の子ネズミと同じように枯れ葉を糞尿の上にかぶせる行動（枯れ葉かぶせ行動）を見せてくれたからである。

この行動を終えたあと、二匹の子ネズミは、飼育容器の隅の、自分たちで枯れ葉を集めてつくった巣のようなもののなかに入って、身を固くしてじっとしていた。

私は、興奮が収まらず、今度は、フェレットの糞を提示して、反応を調べてみたいと思ったのだが、子ネズミたちの様子を見ていたら、冷静になってきて、その日はもうやめることにした。

そしてその後、ほかのヒメネズミにも参加してもらって実験を続け、次のような結果が得られている。

①七匹の子ネズミのなかで、六個体の子ネズミ（雌三匹、雄三匹）が、アオダイショウの糞

ヒメネズミの子どもはヘビやイタチの糞に枯れ葉をかぶせようとする

子ヒメネズミの驚くべき行動！
なんとヘビの糞尿を枯れ葉で隠したのである

尿とフェレットの糞に対して、枯れ葉かぶせ行動を行なった。残りの一匹は枯れ葉かぶせ行動は行なわなかった。

②七匹の子ネズミすべてが、ヤギ糞およびドバトの糞尿に対しては、枯れ葉かぶせ行動を行なわなかった。

③二匹の成獣のヒメネズミ（いずれも雌）は、アオダイショウやフェレット、ヤギ、ドバトの糞あるいは糞尿に対して、枯れ葉かぶせ行動を行なわなかった。

さて、**現段階で公表できるのはここまでである。**なかなか面白いでしょ。

ある研究会で、この行動について発表したら、参加者から、次のような質問が出た。

「その行動には、どんな機能があるとお考えですか？」

そうなんです。問題はそこなんです。

でもこれがちょっと難しいところなんです。

私が頭をひねりひねり考えている、その〝機能〟の一つは次のようなことである。

「私が見つけた、アオダイショウ（おそらくヘビ全般）やフェレット（おそらくイタチ類全般）、つまり、ヒメネズミの捕食者の排出物に対する枯れ葉かぶせ行動は、本来は、巣穴のなかで行なわれる行動なのではないか。

つまり、巣穴のなかにいることが多い子ヒメネズミが、巣穴の入り口付近で、捕食者のニオイを感じたらどうすればいいか。何かするとすれば、それは、そのニオイの前に枯れ葉で蓋をし、自分たちのニオイが捕食者のほうに流れていくのをできるだけ防ぐことではないのだろうか。そんな行動が、飼育容器のなかで発現したら、私が見たような行動として現われるのではないだろうか」

（ちなみに、アメリカのカリフォルニアジリスは、巣穴のなかでヘビに出合うと、ヘビのほうに土を押しやり通路をふさぐような行動をとることが知られている。）

うむ、**なかなか悪くない仮説である。**

私の仮説を読んだ読者の方は、こう思われるかもしれない。

じゃ、巣のような状況をつくって実験してみればよいではないか。

そう、だから私もそれを今やろうとしているのである。

でも言うのは簡単だけど、実際に行なうのは難しい。なにせ相手は人間と同じように自律的にさまざまな判断を下しながら、全力で生きている動物なのである。実験の環境がおかしいと自然な行動などけっして見せてはくれない。でもそこが面白いのだけれど。
また結果が出たらお知らせします。

小さな無人島に一人で生きるシカ、ツコとの別れ

最後のアイサツに来てくれたのかもしれない

鳥取県の東部に湖山池《こやまいけ》という大きな池がある。長径約四キロメートル、短径約二キロメートルで、池というより湖と言ったほうがよいのだろうけど。

そこは数千年前は海だったのだが、その後、その周囲に河から流れてきた砂が堆積し、海から隔離されたと考えられている。

そして、その池の北西に位置する場所に、津生島《つぶしま》という小さな無人島がある。長径二〇〇メートル、短径一〇〇メートルくらいの楕円形の島である。

私は、七年くらい前から、この島に毎年四回ほど通っている。

島には大きなアオダイショウやアカネズミ、タヌキが棲んでいて、どの動物も超小島ならではの変わった性質をもっている。

たとえばアカネズミは数百個体はいると思うが、島の異なった場所でとらえた四〇個体を調べた限りでは、遺伝的な違いの目安になる、**ミトコンドリアの、ある遺伝子の一部（六二〇対の塩基を含む）が、四〇個体で、まったく（！）同じ**なのである。（同じということは、その遺伝子の暗号とも言える塩基の並び方がまったく同じ、ということである。）

ということは、この島に棲むすべてのアカネズミは〝ミトコンドリアの、ある遺伝子〟に関

鳥取県東部にある湖山池に浮かぶ無人島、津生島（上の写真の○のなか）。この島の動物たちは、それぞれ変わった性質をもっている

して同じ遺伝子をもっている可能性が高い。つまり、この島のアカネズミ個体群の遺伝的な多様度は非常に、非常に小さいということである。

ちなみに、〝この島のアカネズミ個体群の遺伝的な多様度が非常に、非常に小さい〟理由として考えられることは二つである。

一つは、「現在生息しているすべての個体が、最初に、この島に流れ着いたアカネズミの子孫だから」というもの。

もう一つは、「現在の遺伝子型のアカネズミが、この島の環境によく適応した性質を備えているから」というもの。つまり、かりに異なった遺伝子型のアカネズミが流れ着いても、島の環境に合わず、結局、子孫を残せなかったのかもしれない。

ちなみに、大学院生のFくんの研究によって、現在、津生島に暮らしているアカネズミは、湖山池を囲む森（まー、津生島に対して〝大陸〟とでも言えばよいだろう）のアカネズミより、ジャンプ力が低いことがわかった。ひょっとすると、この「ジャンプ力の低さ」が島での生活には有利なのかもしれない。

つまり、先にお話しした「現在の遺伝子型のアカネズミが、この島の環境によく適応した性質を備えている」という推察のなかの、まさにその〝性質〟なのかもしれない。

タヌキについては、〝溜《た》め糞《ふん》〟場の状態や、直接お目にかかった様子などから判断して、三つがいほどが生息しているのではないかとにらんでいる。

ちなみに、〝溜め糞〟場というのは、いわば共同トイレみたいなものだ。タヌキは、その地域の個体がみんな、何カ所かの決まった場所に糞をするのである。

島とのつきあいがまだ浅かったころは、

こんな小さな島で、どうしてタヌキが生きつづけていけるのか？

彼らの命を養う食物がそんな小さな島にはたしてあるのか？

疑問に思った。

津生島のタヌキ道の途中に見られる溜め糞場の一つ。溜め糞場は年月の経過とともに少しずつ移動していく。写真上のほうが古いもので、下が新しいもの

しかし、今では次のように思っている。

この島には、実にたくさんのミミズがいる。ミミズといっても、魚釣りに使う、シマミミズみたいな小さいミミズではない。**日本固有の大きなフトミミズ**である。

（私は、大きなミミズが大の苦手なのであるが、なぜか、この島のフトミミズには、そんなに恐怖心は感じない。動きがゆったりとしていて、ピンピン跳ねないのである。動きに何か優雅さがあると言えばよいのだろうか。）

地面の落ち葉を掻くと、地面一帯にミミズの粒状の糞とミミズが目に入る。そのミミズたちがタヌキの命を支える大事な食物になっているのではないかと思うのである。

そうそう、それからこの島にはまだモグラが渡って

タヌキの命を支えていると思われる大きなフトミミズ（右）がうようよいる。
左は粒状のミミズの糞

来ていない。大食漢で、ミミズを主食物にするモグラがいないことが、ミミズの繁栄につながり、それが複数のタヌキの生存を可能にしている、とも推察している。

こんな私でも、いろいろと考えているのである。
（生物のことだけは。）

ミミズのことを話したので、ついでに、この島の、地面の枯れ葉や倒木の下で生きるほかの動物たちについてもお話ししておこう。

ミミズと並んで数が多い動物が、ヨコエビである。
ヨコエビは、海岸の砂浜や平地、山地の枯れた植物の下などで見られる甲殻類である。

おそらく、もともと海にいた種類から、何十万年、何百万年という歳月のなかで、陸地に適応する種類が

枯れ葉や倒木の下で生きる動物の一つ、ヨコエビ。
大きさについては、左の写真で人間の指と比較してほしい

誕生したのだろう。現在も、進化は進行中であり、そのうち高山に適応した種類が現われて、平地、山地から高山へと分布を広げるのではないかと考えられている。小さいのにたいしたものである。

それから忘れてはならないのが、枯れ葉の下や、時々上を歩きまわるダンゴムシである。

この島のダンゴムシは、………とにかくデカイ。

体の表面もつやつやしていて、見ていて気持ちがいい。

これらのミミズやヨコエビやダンゴムシが、地面に降り積もった枯れ葉を食べ、糞をし、その糞をキノコやカビなどの菌類、もっと小さい細菌類が、さらに分解し、植物が吸収できる無機栄養物に変えていく。そして植物が吸収して、その無機栄養物が集まって新しい葉になったら、枯れ葉から新葉へのひとめぐりが完了することになる。これが生態系における物質循環の基本である。

感動的ではないか。

一生を終えて地面に横たわった倒木も、分解されて無機栄養物になり、また若々しい植物の体へとよみがえる。

この島で、倒木の分解を担っている動物は、シロアリ（ヤマトシロアリ）とゴキブリ（オオゴキブリ）である。オオゴキブリと聞いて、イヤ〜な気持ちになられた読者の方に一言。**オオゴキブリは、豊かな森の指標にもされる昆虫**で、倒木の樹皮の下で、親子が一緒に暮らしていることもある。動きもゆったりしていて、オオクワガタのような風格さえ感じる。（私だけかもしれないが。）

ヤマトシロアリやオオゴキブリは、消化管のなかに、木のセルロースを分解する原生動物（アメーバやゾウリムシの仲間）を棲まわせており、さらにその原生動物のなかには、さまざまな種類の細菌が棲んでいる。セルロースは、最終的には細菌によって無機栄養物まで分解され、無機栄養物はシロアリやゴキブリの糞に入って体外に出され、再び植物に吸収されることになる。

ここにも〝生態系における物質循環の基本〟がある。

ヤマトシロアリやオオゴキブリの消化管のなかの原生動物は、顕微鏡で簡単に見ることができる。**小さい原生動物がごった返す海のなかを、大型の鯨のような原生動物が、体をうねらせながら進んでいく様子は、なかなかロマンがある。**（私だけかもしれないが。）

ちなみに、タヌキの溜め糞場も、この〝生態系における物質循環の基本〟が展開する場所である。つまり、タヌキが食べた動物や植物の成分の一部が糞として排出され、それが、ダンゴムシや糞虫（センチコガネやダイコクコガネなど）、菌類、細菌類などに分解され、無機栄養物になっていくのである。溜め糞場には、枯れ葉の下にいる生物とはまた違った種類の生物が集まっている。

いや、実にすばらしい。

ところで、私は、湖山池に面する地域の区長さんに頼まれて、二年前から、子どもたち（おもに小学生）を島に連れていくイベントを行なっている。区長さんは「無人島探検」とよんでいる。

夏休みに二回行なうのだが、私は、無人島探検の目的の一つとして、「子どもたちが、〝生態系における物質循環の基本〟に気づいてくれること」を心がけている。だから、船で島に渡り、森に入ると、まずは、**私がひいきにしている溜め糞場**で立ち止まり、そのまわりを取り巻くようにしてしゃがんでもらう。

そして、子どもたちに、「これは何だろうか」と聞きながら、私自身が**「あっ、土が盛り上がった」**とか、**「おっ、何か出てきた」**とか、**「むーっ、この形は……」**、「この白い粉のようなものは何だ」とか、一人でしゃべる。そうすると、まわりにしゃがんでいる子どもたちの目と顔がだんだん輝いてくるのがわかる。

そう、子どもたち自身が、いろいろなものを発見しはじめ、考えはじめるのである。

そしたらもうしめたものだ。

子どもたちの発見力が走りはじめたら私もついていけない。私自身も、毎回出合う新しい発見に驚きながら、子どもたちと共感しながら対話していくと、〝生態系における物質循環の基本〟が自然に浮かび上がってくる。

ちょっと謎めいた姿の溜め糞場で、地面への関心をよび覚ましておき、小さな変化に敏感になったところで、場所を移動して枯れ葉の下のヨコエビやミミズ、ダンゴムシを紹介し、それから倒木に移動して、ヤマトシロアリやオオゴキブリに会ってもらう。

われながら、心にくい演出ではないか。

島の頂上まで来ると、ダンゴムシやシロアリ、ミミズを使って、彼らの習性を体感するいくつかの実験を行なう。長くなるのでその実験の内容は省略するが、それは、「各々の生物の習性や生態を知ることが、豊かな擬人化や友好感を生み、自然の保全の心も芽生えさせる」という私の学説を実践する作業でもあるのだ。
私もいろいろと考えているのだ。
山頂で昼食をとったあと、これも私の学説の実践の一つなのだが、子どもたちを狩猟採集の体験へと誘う。学説は、「子どもたちは、生物を探して発見して五感で触れることによって、その生物についての知識を心に深く刻みつける」というものである。

ここで、島のマスコットであるアカネズミに登場してもらう。

私は、イベントの前日に島に行き、頂上から少し下った、コナラやイヌシデが生える斜面にトラップを仕掛けておく。そして、昼食後、子どもたちに、そのトラップを探してもらい、なかにアカネズミが入っているかどうか確認してもらうのである。
子どもたちにとって、野生のネズミは、文字どおり、非日常的な野生の感覚を体験させてくれる生き物であり、そこに狩猟採集の要素が入ると、がぜん心が騒ぐようだ。
ここかしこで、「入ってる！」という甲高い声が響く。

私もうれしい！

私のところへ集められた、トラップ入りのアカネズミは、子どもたちの前で、網に出され、あるいは、透明プラスチック容器に出される。子どもたちがおそるおそるアカネズミにさわっ

トラップに入っていたアカネズミは、網やプラスチックの容器に出される。
おそるおそるアカネズミに触れる子どもたちの顔は輝いている

たり、目を丸くしてその姿を眺めるのは、なかなかいいものだ。

アカネズミの巣穴らしき、地面の穴のそばに仕掛けておいたトラップにアカネズミが入ったときには、トラップを置いておいた場所でアカネズミを放してやる。すると、アカネズミは、たいてい、その穴に入っていく。

この瞬間も、**アカネズミの生活の一面を垣間見るような気持ち**になり、私は好きである。

子どもたちも、きっと、アカネズミの、この生活場面を心に刻んでくれるに違いない。(すぐ忘れたりして……。まーそれはそれで。)

さて、津生島には、私が、ゼミの学生のYくんと一緒に、最初に島に上陸したとき発見した雌のニホンジカが棲んでいる。はじめてニホンジカに出合ったときは目を疑った。(ちなみに、シカは、私にだけ姿を見せてくれて、Yくんはシカを見なかった。ひょっとしたら私のなかに、野生のニオイを感じたのかもしれない。Yくんを肉食系、私を草食系と感じたのかもしれない。)

とにかく、**その雌のニホンジカは、ただ一頭で、その島で暮らしていた**のである。

私はそのニホンジカに〝ツコ〟という名前をつけた。(一度、卒業研究で、シカの行動と島の植生への影響について調べたKくんが、私に内緒で、メリーという名前をつけ、ツコという名前が消えてしまう危機もあった。でもKくんが卒業して、いつのまにか〝ツコ〟が復活した。詳しくは『先生、巨大コウモリが廊下を飛んでいます！』をお読みいただきたい。）

島に行くときは、彼女との出合いをいつも楽しみにしていた。島に行く目的は、おもにアカネズミの調査であったが、いつもツコのことが頭に浮かんだ。会えないときもしばしばあったが、そんなときは、新しい糞を見つけて、安心して島を離れた。

ツコをめぐってはいろいろな謎があった。

本来、群れをつくって生活するニホンジカが、なぜ島で一頭で暮らしているのか。

湖山池周辺の地域の区長さんたちに聞いてみたが、島にシカが入った経過などはもちろん、島にシカがいること自体どなたもご存じなかった。

ニホンジカは泳ぐのが得意であることは知られている。瀬戸内海では繁殖期には、雄ジカが一キロ以上離れた島に渡ることも知られている。いずれにしろ、ツコも湖山池を泳いで津生島にやって来たのだろう。しかし、だとすると、島から出て行くこともできるはずである。でもツコは、ずっと島で生きている。

湖山池から少し離れたところにある小学校で、以前、飼われていたシカが逃げ出した事件もあったというが、その事件が起こったのはもう三〇年くらい前のことである。逃げ出したときの歳も加算すると、そのシカが津生島に渡ってツコになったということも考えられない。シカの寿命は雄より雌のほうが少し長く、その雌でも飼育下で、最長二〇年くらいと言われているからである。

一方、ツコは、いつ見ても色艶もよく、歳をとらないのかと思うほどであった。

そんなことも思いながら津生島に通っていると、ツコも私をあまり気にしないようになってきた。最初のころは偶然、私と出合ったら、少し私の様子をうかがってから、さっと身をひるがえして木々のなかに姿を消していた。でもそのうちに、私と出合っても、特に気にした様子もなく採食を続け、やがてどこかへ移動していく、というようなふるまいに変わっていった。

向こうから私の様子を見に来たのではないか、と思えるようなときもあった。

私が島の頂上の開けた尾根にもどってみると、ツコが、私が置いていったザックを噛んでいることもあった。

もちろん、私はツコに餌づけなどはまったくしなかった。お互い、野生での、対等な関係でありたかったのだ。

そして、**私は、一週間ほど前の出来事を、一生忘れることはないだろう。**

半年ぶりで津生島に行った。夏の〝無人島探検〟の下見であった。

私が、地面にしゃがんで、アカネズミの巣穴を調べていたら、何か動物の気配を感じた。顔を上げると、ほんの五、六メートルほど前方の木の間にツコが立っていた。私のほうをじっと見ていた。

久しぶりの再会に私はとてもうれしくなった。

思わず、**「おー、元気だったか」**という言葉が口をついて出た。いつ見ても新鮮な野生の姿に感動して「写真を撮らせてよ」と言って三枚ほど撮り、少し話をしようと思った瞬間だった。**ツコの前身がガクッと下がったのだ。**前肢を曲げたのである。

でも目は私のほうを見ている。

何かがあったんだ。ツコに何かがあったんだ、と私は直感的に思った。

ツコの目が何かを訴えかけているようにも見えた。

「おい、どうした」そんな言葉が自然に出た。

ツコは前身を下げたままの状態で、それでも私のほうを見ていた。私も何も言わずじっとツコを見ていた。

一〇分くらい時間が過ぎただろうか。やがてツコは私から顔をそらし、尾根を下りはじめた。

そのとき、私が直感的に感じとっていたことを現実に目にすることになった。

ツコの両方の前肢（おそらく膝のあたり）が、自分の体重を長時間支えることができなくなっていたのである。ツコはゆっくり、ゆっくり斜面を歩いていった。一歩踏み出すたびに前身がガクンと下がった。体が揺れた。

私は、木の陰にツコが見えなくなるまで立っていた。

ツコは私に別れを言いに来たのかもしれない。

私はツコを見送った。それがツコの生き方なのだ、と思いながら見送った。

ツコは、前足をかばうようにしながらゆっくりゆっくり斜面を下りてゆき、
やがて見えなくなった

先生、木の上から何かがこちらを見ています！

雪の山中で起きた驚きの出来事

まずは、左の写真を見ていただきたい！

読者の方は、この、巣箱から身を乗り出して、クリクリッとした、いかにも聡明そうで澄んだ目をこちらに向けている動物が何か、おわかりになるだろうか。

ホンドモモンガである。

一月の、雪中の山のホンドモモンガである。

冬でなくても、日中、外に顔を出すことなどきわめてまれなのに、活動量がぐっと低下する冬に、**「何であなたは、こんな場面で、こんな時間に、顔を出してこっちを見ているの！！！」**……という感じである。

それも、ご丁寧に、〝鳥取環境大学〟という巣箱の焼印がばっちり見えるように、これ以上の大学の宣伝用写真のシーンはない、という絶妙の位置で！

そしてこの出合いは、二人のゼミの学生（ＹｍくんとＩｙくん）と、雪のなかを、重たい梯子《はしご》を担いで、四キロの道のりを歩いて高地の調査地にたどり着いたからこそ起こった、**まー、一つの奇跡みたいな出来事だった**のである。

こんな奇跡の出来事が起こった次第をこれからお話ししよう。

先生、木の上から何かがこちらを見ています！

１月の雪の山で、モモンガが巣箱から顔を出していた！
これは奇跡的な出来事なのである

二〇一〇年一月二四日、年明けに降った雪がまだ山には深く積もっていることはわかってい た。しかし、大学の広報課のYさんの、**「大丈夫、行けますよ!」**という言葉に励まされ、**「よし、行こう!」**と、前述のゼミの学生二人とともに、私は大学のトラックに、梯子をのせて、芦津《あしづ》の調査森に出発したのだった。真冬の調査地でどうしても確認しておきたいことが一つ、あったのだ。

ちなみに、芦津の調査森というのは、九八ページでもお話ししたが、鳥取県と岡山県との県境を走る中国山地の中腹にある、智頭《ちづ》町芦津の森の一画である。半年ほど前から、その森に生息する哺乳類、鳥類、爬虫類、両生類を、巣箱やトラップを使って調べていた。

さて、IyくんとYmくんと私と梯子をのせた車は、山道に入ってからも順調に進み(山道の両側には雪が残っていたが、道は、除雪車が通って雪を取りのぞいてくれていたようだ)、調査地のすぐ手前の駐車場まで行けそうな気配だった。山道とはいってもアスファルト舗装がされており、黒い表面がしっかりと顔を出していた。

心地よい強さの日光が、道の両側の尾根や谷の斜面にあたり、時にまぶしく輝いた。やはり

思いきってやってみるものだ。人生、死ぬまで挑戦だ、みたいな気分で車を走らせた。

しかし！である。

人生、そうそう甘くはないのだ。

調査地の手前、四キロメートル、さてここから山道の傾斜もきつくなるぞ、と思った、そのときであった。前方の黒いアスファルトが消え、黒道は、白い地面の広がりの手前で途切れていたのだ。

これはどういうことか。

それは簡単だ。そこで除雪車が仕事をやめたんだ。

なぜやめたのか？　それも簡単だ。そこに発電所があったからだ。

つまり、真冬ではあっても発電所に行かなければならないことはある。だから、車がそこまで行けるように除雪は行なわれていた。でもそこから先は、………。ずっと先の森まで動物を調べに行く必要がある人間はそう多くはないだろう。そんな人間のことを除雪車は考えてはくれないのだ。

さあどうしたものか……。

ＩｙくんやＹｍくんも考えあぐねている。

山道の雪の深さが半端じゃなかったら、われわれもすぐあきらめただろう。でも、深さは一〇センチあるかないか、………つまり中途半端だったのである。

まずはちょっとした挨拶がわりに、雪道に車を乗り入れてみた。ひょっとしたら「どうぞどうぞ」と言われて（雪道に）、そのまま進めるかもしれない、みたいな期待をして。

でも**雪道は「なにすんの、あんたたち！」**みたいな返事をしてくれた。

五、六メートルくらいは進んだのだけれど、それ以上進めなくなり、そればかりか、バックもできなくなったのである。タイヤが空回りしはじめ、アクセルを踏めば踏むほど、深みにはまっていったのである。

でも、ご心配なく。

山あいで育った私には、自然のなかで身につけた実践力があった。

いろいろと試行錯誤したあと、結局、車に積んでいたロープの束を二つ、タイヤと雪面の間に入れこみ、ゆっくりゆっくりアクセルを踏みながらバックした。

タイヤは空回りすることなく少しずつ後方へ移動した。そこでまたロープをタイヤと雪面に入れこんでバックし、それを何度か繰り返して、やっと、雪道から脱出したのである。

で、次に考えたことは？

……**「今日はもう無理。帰ろう」**だった。

四キロ手ぶらで歩いて調査地に行くのは可能だったろう。でも、荷物と重い梯子を持っての雪中歩行は無理だろう、と判断したのだ。（梯子はどうしても必要だった。地上六メートルに設置した巣箱のなかを確認しなければならなかったからである。）

Iyくんと Ymくんとも相談して、じゃ帰りましょう、という話に決まり、われわれは発電所をあとにしたのだった。

ところが人生、何があるかわからない。

一〇分ほど走ったところで、ある光景を目にした私は、気持ちを変えたのである。

その光景とは、肩にそり（雪の上を滑るそり）を背負って、人家の前の道を歩く、小学生くらいの、頬を真っ赤にした兄弟の姿だった。最近、ほとんど見たことがない光景だった。

そして、私は、その姿に、自分と、幼いころ一緒に遊んでくれた兄の姿を見たのである。毎日が自然を相手にした遊びだった。冬には、山にそりを持っていって急勾配の斜面を滑り降りた。

時折、故郷を思い出すとき、そんな体験が私を、野生動物を相手にする仕事へと向かわせたのだと思うのだった。

やっぱり、今日、調査地に行ってみたい、と思い直した私は、ＹｍくんとＩｙくんに思いきって言ってみた。

「やっぱり梯子を持って調査地に行ってみたいんだけど、どうかな」

すると二人とも、迷う様子もなく「いいですよ」と答えてくれたのである。

胸中はどうだったかわからないが、日ごろから、ころころ気が変わる、子どものような私につきあっていたら、このような寛大な性格になるのかもしれない。

でも、あの梯子のことを考えると、よく同意してくれたなーと思うのである。

このようにして、われわれ三人の、雪中歩行は始まったのである。

ちなみに、**「真冬の調査地でどうしても確認しておきたかったこと」**というのは、次のようなことだった。

秋に、巣箱のなかにたくさん入っていたヒメネズミは、真冬も巣箱を利用することがあるのか？

それまで、私は、「なかにたくさんの巣材を持ちこんで、かなりの断熱効果を備えているように思われる巣箱を、ヒメネズミが冬に利用するかどうか」について、キチッと調べた報告を見たことがなかった。

深い雪のなかで、樹木の高いところに設置した巣箱を調べるというのは簡単にできる作業ではない。おそらくそれが〝報告〟がない理由の一つではなかったかと推察された。

でもヒメネズミの生活を理解するうえで、この点は是非確認しておきたい、と思ったのである。

調査地をめざしての雪中歩行は、実際、大変だった。

梯子の前後を、三人がローテーションで担ぎ、途中、何度も休憩しながら、山道をのぼっていくのである。時々、遠くで鳥がけたたましい声をあげて飛び立ったり、前方を数頭のシカが、

調査地をめざして、われわれの雪中歩行は始まった

われわれから逃げるように谷に下りていった。

そして一時間くらい歩いただろうか。

おおっ、あの小屋、あのサワグルミの大木、あの谷川………、雪のなかでいつもとは少し趣が異なっていたが、**着いたぞ。やって来たぞ。**車でやって来たとき、駐車する広場の光景が、前方に現われたのである。

でも、そこでは今回は止まらなかった。わいてきた元気をそのままに、一気に、すぐ近くの調査地まで行ってしまおう、と思ったのである。

われわれは谷にかかる小さな橋を渡り、調査地に入り、まずは、その中心部の幼若自然林（スギの伐採後七〇年ほど放置した自然林）まで進んでいった。

よし、これでいい。

二人の頑張りを称えつつ、私はさっそく、巣箱を取りつけているイヌシデの幹に梯子を立てかけ、ロープを引っ張って、巣箱の下まで梯子をのばした。

よし、のぼるぞ！

いちばん高い巣箱については、落ちたら危ないので、たいていは私が点検した。（ちなみに、私は落ちても大丈夫だった。とっさに落ちる場所を選ぶこともできるし、受け身もできるし、落ちる途中で幹や枝にしがみつくこともできるし……要するに野生児なのである。）

その日は特に、この瞬間までの道のりで苦労したから、梯子をのぼるのが楽しかった。

「わーい、やっとのぼれるぞ――」みたいな。（要するに、軽いのである、人格が。）

巣箱の場所までたどり着くと、いつものように、片手で木にしがみつき、もう一方の手で、巣箱の蓋をゆっくり開けてなかをのぞきこんで確認していく。

さて、私が是非とも知りたかった、真冬の巣箱のなかであるが、調べた幼若自

調子にのって10メートルくらいのぼって下を見たところ。
下ではYmくんが心配そうに見ている

然林の三〇個の巣箱には、どれにも動物は入っていなかった。はー、**やっぱり冬は樹上の巣箱は使われないのか。**

ほかの区域の巣箱も調べてみなければならないが、私は、秋にはその半分以上にヒメネズミが入っていたいちばん上の巣箱が、どれ一つとして使われていなかったという結果に満足していた。無理をしてやっと確認できたことに満足していた。

幼若自然林の巣箱の点検が終わったあと、われわれは、少し遅い昼食をとることにした。

いつも車を止める、小屋のある駐車場までもどり、私がザックのなかに入れて持ってきた鍋とコンロで、レトルトのご飯とカレーを温め、皿に入れてみんなで食べたのだ。

レトルトのカレーとご飯を温めて遅いお昼にした。
冷えた体に温かいカレーはうまかった

冷えた体に、温かいカレーはうまかった。五、六人分をたちまち平らげた。
食後にチョコレートを食べて、さて、では次の区画の巣箱調べを再開だ。
というわけで、われわれは、ベースキャンプをあとにして、今度は、スギ林の巣箱の点検に取りかかったのである。

仕事に取りかかって数十分ほど過ぎ、数個の巣箱を点検し終わったころだった。（やはり、調べた巣箱に動物はいなかった。）
Ｙｍくんが突然言ったのだ。

「先生、巣箱の上で何かがこっちを見ています」

へっ？　何かが？　なんじゃそれは。
私は、Ｙｍくんの言葉の意味がよくわからなかった。
こっちを見ていますって、イヌやネコやタヌキやキツネやチンパンジーじゃあるまいし、何よそれ。巣箱の上？

「どこ？」

緊張感なく、そう尋ねる私に、Ｙｍくんが指さした方向を見て、私の全身に雷が落ちた。

モモンガだ〜〜〜!!!

モモンガ〜〜〜!!!

モモンガがいたのである。

それだけではない、モモンガが、〝こっちを見ている〟のである。

もう私はびっくりした。

モモンガは、私たちが見返しても特に警戒する様子もなく、顔色ひとつ変えず（アタリマエ

(ムササビがいない北海道では、エゾモモンガが山里まで生息していて、研究も進んでいるが、本州のホンドモモンガは奥山にしかおらず、その生態もほとんどわかっていないのだ。)

ジャ)、相変わらずこちらをじーっと見ていた。

そして、巣箱の、鳥取環境大学の焼印のすぐ上の〝ベランダ〟に顔を出している姿は、大学の宣伝写真にもピッタリだ。これ以上のシーンはもうない。

奇跡だ。

エゾモモンガの研究によると、彼らは、冬でなくても、日中、外に顔を出すことなどきわめてまれであり、活動量がぐっと低下する冬には一日に巣から外に出る時間はとても短くなるこ

先生、木の上から何かがこちらを見ています！

Ymくんの指さすほうを見て、驚いた。
なんとモモンガが、巣箱から顔を出してこっちを見ているではないか

とが知られている。おそらくホンドモモンガでもその習性が大きく異なることはないと推察される。

そんなモモンガが、**どうして、こんな場面で、こんな時間に、顔を出してこっちを見ているの!!!**

それからの数十分は、私にとっては至福の時間だった。

数十分後に、モモンガは、小さな尾で、宙に小さな弧を描き、巣箱のなかに消えた。

私にとってはもうそれだけで十分だった。

もう、私の一日は終わった。

気がつくと空はいくぶん陰り、気温も下がっていた。

そろそろ帰路につく時間がきていた。

私の賢明な判断で、梯子は小屋の脇に置いて帰ることにした。つまり、ほぼ手ぶらで帰路についたのだ。

だから、帰りは、ゆとりをもって、周囲の風景を楽し

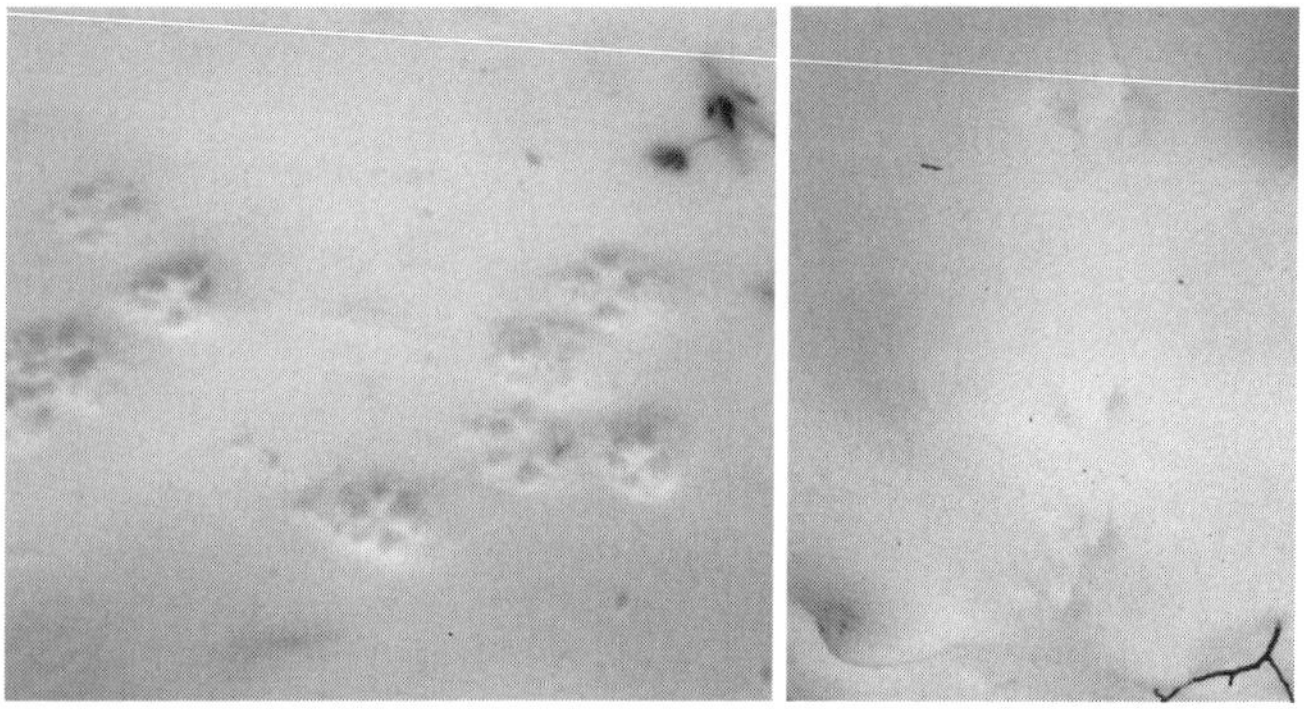

雪の上に残されたホンドリスの足跡（右）とテンの足跡（左）

み、雪上のさまざまな動物たちの足跡を読みながら帰った。

Ｙｍくんは、岩に下がった大きなつららの写真を撮り、Ｉｙくんはつららにかぶりついた。

私は、動物の、注目に値する足跡を発見するたびに（たとえばホンドリスの足跡！）、ＹｍくんとＩｙくんをよんで、解説した。

もちろん、道草を食いながら帰る私の頭のなかでは、あの奇跡のモモンガがいつもこちらを見つめていた。

それが、たくさんのモモンガたちとの本格的なおつきあいの始まりになろうとは、そのときの私は、知るよしもなかった。

Ymくんは岩に下がった大きなつららの写真を撮った。Iyくんはつららにかぶりついた

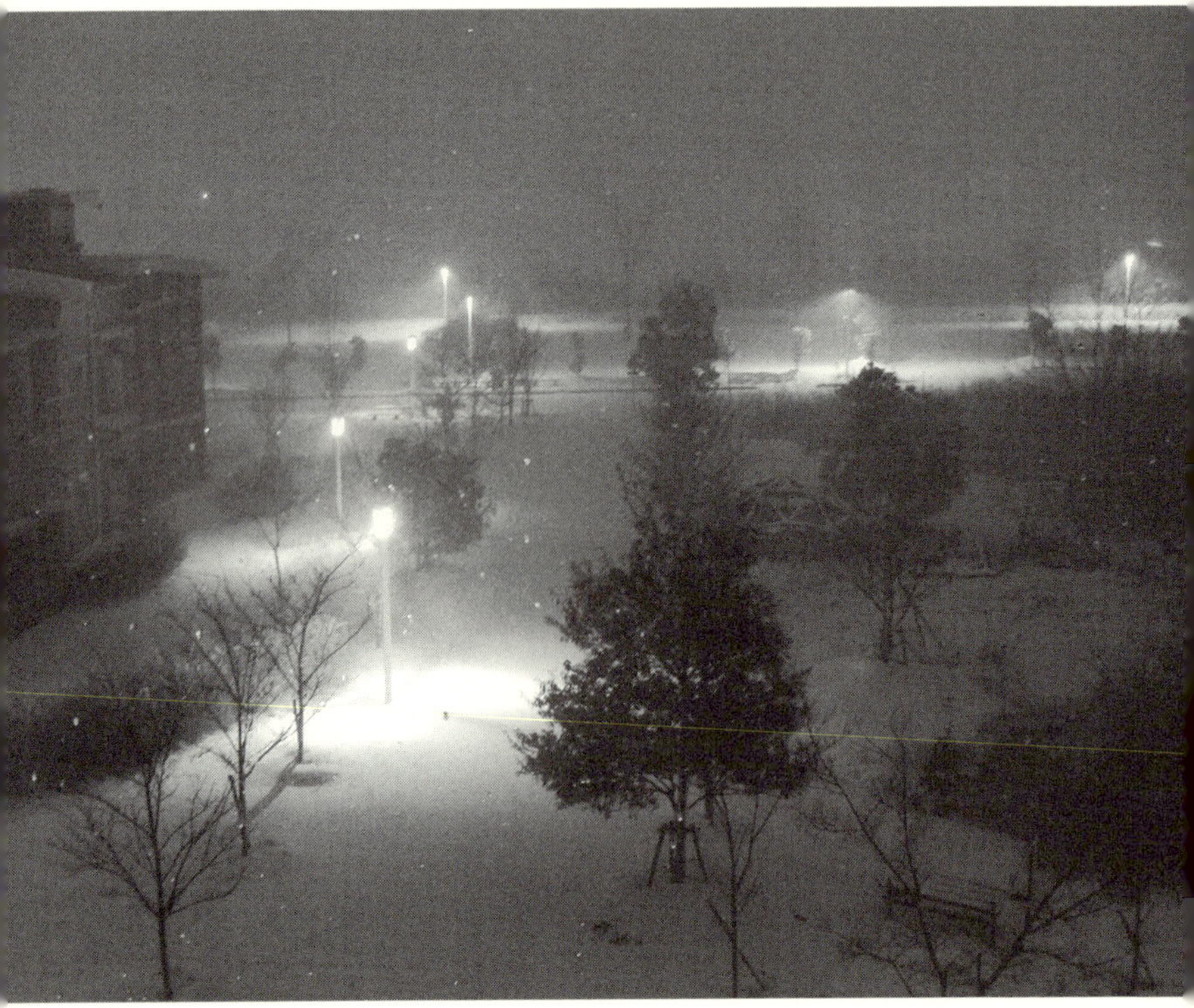

ヤギのことが気になってしかたない
キジの話

鳥取環境大学は里山のなかの大学？

ここだけの話であるが、私は常々、私の勤務する大学（鳥取環境大学）を〝里山のなかの大学〟にしたい、と思っている。そして、密かに、それなりの努力もしている。

里山というのは、自然に対して人間の働きかけが適度に加えられ、たくさんの生物が生息でき、人間もそこで利益を得られるような、半自然的な場所を指す言葉である。

そういった意味での里山で行なわれる人間の活動にはさまざまなものがある。

一昔前の典型的な里山だと「炭焼きにする木の伐採」とか「家畜の餌にする植物の刈りとり」、あるいは「畑の肥料にする落ち葉集め」などである。このような作業によって、里地には適度な光が差しこみ、風が通り、落ち葉の下に埋もれていた種子が芽を出し、多様な動植物が生息することになる。

鳥取環境大学のキャンパス内や、キャンパスを囲む林は、里地さながらの景観を呈し、われわれが、会いたいという気持ちとちょっとした観察力をもてば、たくさんの動物や植物たちと触れあうことができる。

林に棲む**タヌキは、時々、大学のキャンパスを歩いている。**もちろん林のなかに入れば、親が、出産・子育てのときに使う巣穴や、タヌキの道、溜《た》め糞《ふん》場などがすぐに見つかる。まれにではあるが、**キツネやテン、ノウサギもキャンパス内の道路を横切る**ことがある。

鳥取環境大学の全景。後ろに見える林にはタヌキが棲み、時々キャンパス内の道路をキツネやテン、ノウサギが横切る。私は密かに“里山のなかの大学”にしようと目論んでいる

昨年の三月はじめのころである。

駐車場に止めた車のなかから、駐車場に接する林のなかにさっと動くものが見えた。もちろん、私は車を降りて、ゆっくり林に入っていった。

すると、**白い冬毛から茶色の春毛へ毛換えをしているノウサギ**が、藪のなかにうずくまっているではないか。毛換えは、頭から始まっているらしく、首から上の部分が茶色で、それより下はまだ白毛だった。

私は、そのノウサギにやさしく声をかけてやったのだ。

「**ははーん。キミはちょっと季節の移り変わりに遅れているね。**もうこのあたりは全部茶色の世界だよ。毛換え、急いだほうがいいよ」と。

（声をかけたのはほんとうである。私は哺乳類に限らず、魚でも昆虫でも、たいていの動物に声をかけるこ

大学林に棲むタヌキ（右）と、タヌキが出産・子育てのときに使う巣穴（左）

とが多い。いつごろからか、そんなふうな体質になってしまったのだ。病気だろうか。）

　ところがそれから一週間ほどして、なんと、その年最後の雪が降ったのである。かなりしっかりとした降雪で、ノウサギと出合った林も雪がまだらに残り、私はノウサギへの言葉を取り消さなければならなくなった。

「参りました。私のほうが浅はかでした」と。

　このように生物が豊かな〝里山のなかの大学〟なので、なかには、建物に入ってきて学生と鉢合わせになる動物もいる。それが哺乳類だったら、たいていは私のところまで〝知らせ〟がくる。

　たとえば、**オヒキコウモリという〝巨大な〟コウモリ**である。（詳しくは、『先生、巨大コウモリが廊下を

早春、林のなかに動くものを発見。白い冬毛から茶色の春毛へ毛換え中のノウサギだ

飛んでいます！』を読んでいただきたい。）

　このコウモリは環境省のレッドデータリストの、二〇〇六年の改訂で、絶滅の危険性としてはいちばん高い、絶滅危惧Ｉ類に指定された種である。鳥取県での発見はそれが最初であった。

　三年前に卒業したＩｎくんが廊下を飛んでいるのを見つけ、私に教えてくれ、無事保護、ということになった。一日世話をして大学林に放してやったが、とてもとても魅力的なコウモリだった。

　真冬に、**エレベーターの前でうろうろしていてＩｋくんたちに見つけられた小さな訪問者**もいた。

　カヤネズミという、日本でいちばん小さな種類のネズミだったが、その年はカヤネズミの訪問が相次いだ。エレベーター前で見つかったヤカ（私がそう名づけた）に続いて、二匹目のカヤネズミも、今度はデザイ

大学の緑化屋上で卵を抱いているカルガモ

ン演習室の前でうろうろしているところをNくんに見つけられたのだ。そのアース（私がそう名づけた）は、なんと、ミニ地球のなかで大暴れして、地球を破壊しそうになった。（これだけ読まれても何のことかおわかりにならないだろう。そういう方は、『先生、子リスたちがイタチを攻撃しています！』を読んでいただきたい。）

さらに、私が顧問をしている**ヤギ部のヤギたちは、時々〝里山〟の柵から脱走**しては、キャンパス内をうろつき、数回、建物のなかに入ろうとしたことがあった。幸いにして、というか、残念ながら、建物のなかまで入ってくることはなかった。（ヤギたちが廊下や階段を歩いていたら……ちょっと実現してほしい気もする。）

もちろん、〝里山のなかの大学〟には、鳥類もたく

カルガモは大学内の人工水場ビオトープにもやって来るようになった

さんいる。それらがキャンパスのなかで巣をつくり、子育てをするのである。

カルガモは大学の緑化屋上に巣をつくり、孵ったヒナを連れて大学の近くの池まで移動する。途中で、屋上から飛び降りてくるヒナたちと学生たちとが鉢合わせになり、大騒ぎになったこともあった。そのヒナたちが大きくなって……というわけではないだろうが、大学内の人工水場ビオトープには、最近カルガモがやって来るようになった。

あるとき、**ヒヨドリが、駐車場に接した樹木に巣をつくった。**親の行動から巣の存在を感じとった私は、親が飛び立つのを待って、その木に近づいていった。

やっぱりいたいた。

私が近寄ると、ヒナたちが懸命に首をのばして餌をほしがった。これらのヒナは、視力はまだまだ未発達で、単純な物体（の影）や音、振動に反応して、チーチーチー！と鳴き、首をのばす。

特定の行動（この場合は、ヒナの餌乞い行動）を引き起こす、このような単純な（しかしある要素をしっかりと含んだ）刺激を、動物行動学では「鍵刺激《かぎしげき》」とよぶ。単純な私は、〝野生動物の気配〟という鍵刺激によって、半自動的に、強力な探索行動を始めてしまう。困ったものだ。

駐車場に接した樹木にヒヨドリが巣をつくった。私が近寄ると、ヒナたちは懸命に首をのばして餌をほしがった（上）。キャンパスの草地の道沿いにはヒバリが巣をつくって卵を産む（下左）。やがてヒナが孵り、巣のなかで押し合いへし合い（下右）。ヒナの頭や体は草地にとけこんで見つけるのは至難のわざだ

真っ青な空にはヒバリの雄が春を歌う。縄張り宣言である。そして、キャンパスの研究棟に向かう細い道のすぐ脇の地面に、実に見つかりにくい巣をつくる。でも私は見つける。困ったものだ。

あげればきりがないが、そんなふうに〝里山のなかの大学〟は賑やかな鳥たちの生息地でもある。

さて、これからお話しするのは、そういったたくさんの鳥たちのなかでも、特に記憶に残っている愛すべき鳥である。（正確に言えば、その鳥のなかの、ある個体と言うべきであろうが。）

その鳥とは、〝里山〟にふさわしい鳥、「キジ」である。

記憶をたどれば、キジは、おそらく開学した大学のキャンパスに最初になじんだ鳥だと思う。キャンパス内の芝生や歩道、駐車場を、トコトコと歩くようになった最初の鳥であった。

開学して一、二年目の春だった。

ある先生が、「今朝、研究棟に入ろうとしたら**入り口のところでキジがうろうろしてたよ。驚いたよ**」といった内容の話を私にされた。はーそうですか、と答える私に**「キジは何をして**

いたの？」と聞かれた。私はその場では、イヤー、何をしていたんですかね、としか答えようがなかった。

別な先生は、**「朝、車を降りたら、前の車のドアの前でキジがうろうろしてたよ」**と教えてくださった。そしてその後（やっぱり）**「キジは何であんなところをうろうろしているの？」**と聞かれた。私はその場では（やっぱり）、イヤー、何をしていたんですかね、としか答えようがなかった。

しかし、私はその後、これらの先生方の当然の質問の答えに結びつくような、ある場面を目にすることになる。

それは、私が、大学近くの川か山に出かけて、帰ってきたときのことだったと思う。車を駐車場に止めて、大学の食堂のそばの道路を歩いているときだった。

なんと、大きな鳥が、食堂の南側のガラス面に体当

キジが大学食堂の南側のガラス面の前を行ったり来たりしていた。
キジは何でこんなところでうろうろしているのだろう？　ヒントは、鏡に映った……

たりしているのである。そしてその鳥は間違いなく、雄のキジだったのだ。

食堂のなかからは、そのガラス面（正確には引き戸である）を通して、手前のウッドデッキ、その向こうの芝生、さらにその向こうのブッシュ（藪）が見え、なかなか雰囲気のよい風景を楽しむことができた。**キジは、そのガラスの前をうろうろ歩き、時々立ち止まってガラスと向きあい、突然飛び上がったかと思うと、ガラスを蹴るような動作をして**ウッドデッキに降り立ち、またうろうろ歩き……そんなことを繰り返した。

もちろん聡明にしてすぐれた動物学者である私は、雄キジの行動の理由のすべてを瞬時に理解した。

そう、その**雄キジは、ガラスに映ったもう一羽の雄キジ、つまり、自分の縄張りへの侵入者を追い払おうと攻撃していた**のである。

おそらく、そのウッドデッキや芝生、ブッシュのあたり一帯は、春になり繁殖期に入ったその雄キジが、雌をよび寄せるためにつくった縄張りだったのだろう。実際、私は、その一帯を、人の気配も気にせず、毅然として歩きまわる雄キジを何度か見ていた。一度は、雄キジの後にそっとついていったこともあったのだ。

そんな縄張りへ、ガラスの向こうから、偉そうな態度の雄が近づいてきたわけだ。それはほうっておくことはできないだろう。ただし、こちらが激しく攻撃してもひるまず同じように攻撃してくる相手に、縄張りの雄キジも、少なからず動揺したのではないかと拝察するのである。

聡明にしてすぐれた動物学者である私は、この雄キジのけなげな行動を目のあたりにして、先にお話しした、二人の先生の「キジは何をしていたの?」「キジは何であんなところをうろうろしているの?」という疑問への答えを見つけた気がした。

おそらく、「研究棟の入り口のところで」うろうろしていた**雄キジは、入り口のガラス張りに映った自分の姿に腹を立てていた**のではないだろうか。また、「前の車のドアの前を」うろうろしていた雄キジは、車のボディーか、ミラーに映った自分の姿に腹を立てていたのではないだろうか。

キジとガラスと言えば、次のようなかわいそうな出来事もあった。

雪が積もった冬の日のことだった。私が研究室にいると、学生(今はもう卒業したTくんだったと思う)がノックして入ってきた。そして言うのである。

「色のきれいな大きな鳥が落ちています」と。

刺激的な言葉だった。もちろん、私の心はざわめいた。

場所を聞くと、二階の印刷室の外だという。屋根の上なので鳥のそばへ行くことはできず、印刷室からかろうじて見えるのだという。とにかく、Tくんと印刷室に行ってみた。

　確かに状況はTくんの言うとおりだった。印刷室の窓からは、窓の外に張り出したコンクリートの屋根の上に、〝色のきれいな大きな鳥〟が横たわっているのが見えた。窓から五メートルくらい離れたところだった。光沢のある緑色と、そのなかにひときわめだつ赤い円形が目に入った。どう見ても雄のキジである。

　体に雪が積もっていないところを見ると、事件が起こってからまだ日数はたっていないと思われた。そして私にはその事件の内容が想像できた。

「窓ガラスのそばに横たわっている、外傷がはっきり認められない鳥」……そんな場合は、まずたいていは、「鳥が透明のガラスに気づかずに直進してガラスにぶつかった」と考えられる。

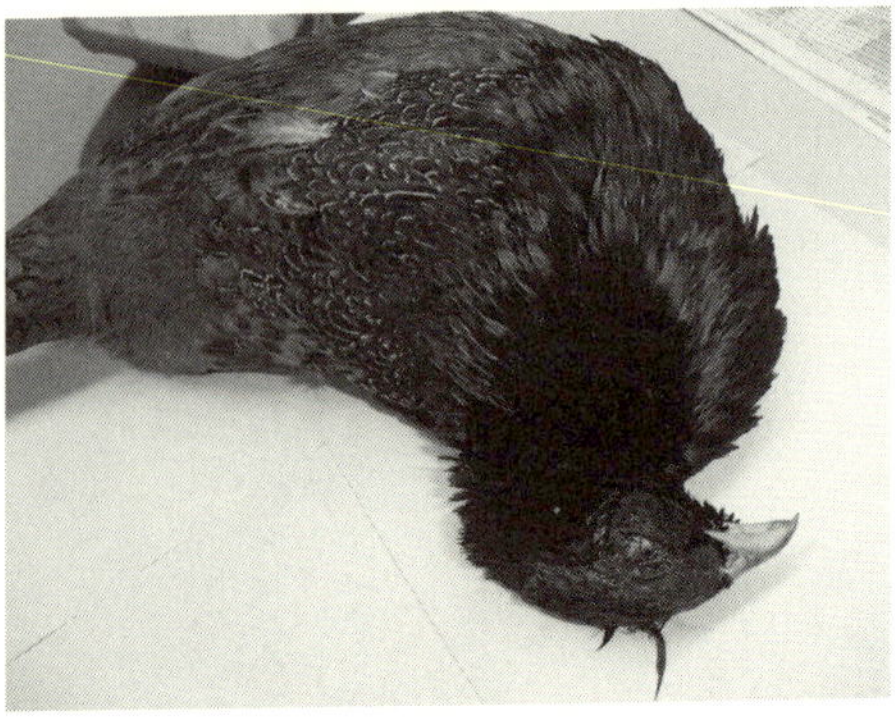

二階の印刷室の外の屋根で死んでいた雄のキジ。
窓ガラスに激突したのだろう

もちろん、鳥がガラスにぶつかったときの衝撃の大きさによって結果は異なる。衝撃が弱ければ、鳥は落下してもムクッと立ち上がって飛んでいく。衝撃が強ければ、落下して動かない。そのうち回復してよたよた歩き、やがて飛んでいく場合もあるし、そのまま死んでしまう場合もある。

ちなみに、私は時々、部屋や廊下に入るとき、透明ガラスに衝突することがある。先日も総務課の部屋に入るとき透明ガラスのドアにぶつかった。痛かった。

なぜぶつかるのか人から聞かれるし、私も自問する。「考え事をしていた」「向こうが見えていたので、ドアは開いていると勘違いした」「手でドアを押したつもりが、ドアが動かず、進む勢いを止められなかった」

そのたびごとに事情は違う。でも、気を失ってその

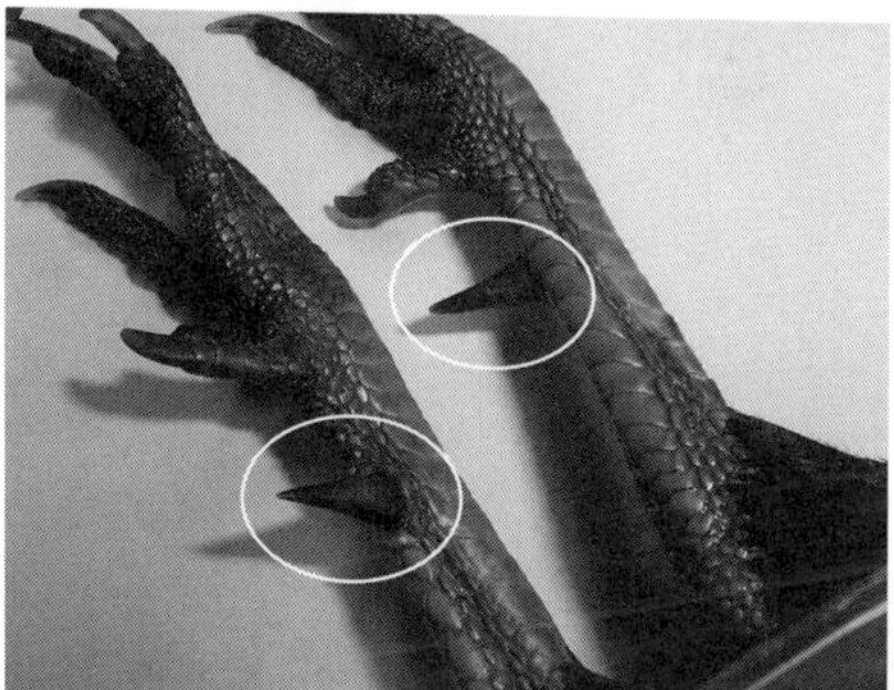

不自然にのびた足には、ライバルと戦うときに使う蹴爪（○内）がはっきり見えた

場に横たわったことはまだない。

私は印刷室の窓を開けて、（心配する学生を後目に）**一・五メートルほど下の屋根に飛び降り、キジに近づいた。**キジは完全に死んでいた。羽の色はとてもきれいだったが、繁殖期にはあれほど立派に拡張していた目のまわりの赤い肉垂《にくすい》が小さくなっていた。（非繁殖期には縮小するのである。）横向きに倒れており、両足とも不自然にのびきっていた。そののびきった足には、ライバルと戦うときに使う蹴爪《けづめ》がよく見えた。

私はキジを抱えて、苦労しながら印刷室にもどり、学生たちに、キジのことをいろいろ話してあげたのだ。あらゆる時間を利用して学生たちの教育にあたるという点で、（ここだけの話であるが）私は教師の鑑《かがみ》である。

さて、いろいろな出来事を通じてキジと接していた私であったが、**ある一羽のキジは、ちょっとしたことで私の記憶にずっと残る存在になった。**

そのキジは、春の繁殖期の間、キャンパス内のヤギ放牧地に沿った道路の周辺で、何度も私に姿を見せてくれ、見事な縄張り誇示行動や雌への求愛行動も見せてくれた。立派な体格にきれいな羽をまとった雄であった。いつからか**私はそのキジを「ゴン」とよぶようになった。**

春の繁殖中、キャンパス内でよく姿を見せてくれたキジの「ゴン」。開けた場所で羽をばたつかせながら「ケン、ケーン」と鳴く、縄張り誇示行動を見せてくれた

キジの**「見事な縄張り誇示行動」**というのは、開けた場所で、羽をばたつかせながら「ケン、ケーン」と鳴くのである。

読者のみなさんのなかにも、この声を聞かれた方はおられると思う。しかし、実際に、そのように鳴いているキジそのものを見られた方は少ないのではないだろうか。さらに、その姿を写真に撮られた方はもっと少ないのではないだろうか。

ゴンは何度か、その「見事な縄張り誇示行動」を、私の目の前で見せてくれ、カメラの用意をするまで続けてくれた。

一度だったが**「雌への求愛行動」も見せてくれた。**

それを見たのは車のなかからであった。それまでにも、車に乗って、ゴンの縄張りを通り過ぎるとき、ゴンと出合うことは時々あった。たいていは車を止めてゴンに話しかけるのだが、ゴンはしばらくすると車から離れるように道路と茂みの境を移動した。私が車で併走するようについていくと、ゴンは、「ついてくるなよ」みたいなそぶりで茂みのなかに姿を消した。

ところが、**その日のゴンは、いつもと様子が違っていた。**

なにやら、羽を広げ、頭を上げ下げしながら歩き……そんなことを繰り返していた。もちろん、私は、ゆっくりと車で近寄っていったのだが、ある距離まで近づいたとき、**私の心臓が**

ドクンとした。なんとゴンの向こう側に雌がいたのである。雌の体は、茶色をベースに黒の斑点がちりばめられたような地味な色合いで、地面にとけこんでいた。**ゴンの秘められた生活を見たようで**気が引けないこともなかったが、私はその場に車を止め、体を動かさないようにして、しっかりと秘められた生活を見つめた。

遠くから見て、ゴンが、〝頭を上げ下げしながら〟歩いているように見えた動作は、正確には、嘴《くちばし》を地面近くに下げて、体の向きを変える雌の前へ前へと回りこもうとする動作であることがわかった。目のまわりの肉垂が、いつもより鮮やかさを増しているように見えた。

私は是非この場面を写真に残したいと思い、ポシェットのカメラに手をのばした。その瞬間、**雌は、ゴンを振りきって茂みのほうへ急いで歩いていった。**

車を近づけたり、カメラをとろうとした私の行為がゴンの求愛を邪魔したのかもしれない。雌に立ち去られた**ゴンは、去っていく雌に追いすがるように茂みに入っていった。**けなげな、人間の雄の姿を見るようで哀しくもおかしかった。

ついでに申し上げておくと、私が見た、ゴンが求愛時に行なった「嘴を地面近くに下げる動作」というのは、キジ科の鳥における求愛行動の進化を理解するうえで重要な動作だった。

キジ科のいろいろな鳥の求愛行動のなかで、祖先種の特徴を残しているのが、ニワトリの求愛行動、次にキジ、そしてそれらの行動型を基礎にして最も最近（最近といっても数千年から数万年前のことだろうが）現われたのが、クジャクの求愛行動だと考えられているのである。

ニワトリの求愛行動では、雄は足で数回地面を掻き、後ずさりして、雌をよぶ声を発して地面をつつく。

実は、この行動は、ニワトリの親がヒナを餌に導くときに行なう行動と同じである。つまり親鳥は、地面を足で掻いて餌を見つけ、声を発してヒナをよび、自ら餌をつついてその場所をヒナに教えるのである。そうすると、ヒナはその餌を見つけ、我先に食べようとする。

つまり、**ニワトリの雄は、求愛のとき、親の給餌行動を借用し、雌のなかに、親を慕う子どもの心を覚醒しようとする**……と言えばよいのだろうか。

求愛時やカップルの絆の維持強化に、親子の給餌行動が借用されるのは、ニワトリ以外の、多くの鳥や哺乳類でも見られることだ。人間で見られるキスも、親が幼児に、口から口へ食べ物を与える行動に由来する、と考える研究者もいる。私もその説を支持している。

さて、地面の餌の場所を嘴でつついて求愛するニワトリに対し、キジの求愛になると、実際に地面をつつくことはなくなるが、それでも頭を低くして嘴を地面のところまで運ぶ動作は残っている。そして、**キジでは、ニワトリにはなかったあるものが雌へのアピールに加えられる。**それは、尻のまわりの長くてめだつ羽である。この尾羽（正確には上尾筒《じょうびとう》）が、雄が頭を下げるという動作の必然的な結果として、上方へ上げられることになり、雌によく見えるようになるのである。

クジャクになると、求愛行動は、〝地面の餌の場所を嘴でつつく〟という動作からさらに変形することになる。つまり、雌へのアピールは、地面の餌つつき動作から、尾羽のアピールのほうへ完全に移行し、尾羽が、より大きく、鮮やかになるのである。

しかし、忘れてはならないのは、キジ科鳥類の祖先種が〝地面の餌の場所を嘴でつつく〟という求愛行動を採用したからこそ、鮮やかな尾羽の誇示という変形型への移行が、無理なく起こった、ということである。

このようなゴンの生活の一部を少しずつ理解するようになっていた私であったが、あるとき、もう一つの**ゴンの秘密、というか、悩み**を知ることになる。

大学のキャンパスに、**ゴンが気になって気になってしかたがない生き物が現われたらしい**のだ。

それは、白い衣に身を包み、頭には緩やかに弧を描いて湾曲する優美な角をもつ動物だった。**ヤギである。**（笑ってはいけない。）

私が、ゴンの悩みに気づいたのは、デスクワークに疲れて、ヤギたちと遊ぼうとキャンパスに出たときだった。

遠くでのどかに草をはむヤギたちに近づいていったとき、放牧場を囲う柵の最上段に、大きな鳥がとまっているのが見えた。それがキジ、それも場所から考えてゴンであることはすぐわかった。

これから何か起こるのだろうかとじっと見ていたが、いつまでたっても何も起こらなかった。ゴンは、ただじっとヤギたちのほうを向いて柵にとまっているのである。

そばではヤギたちが、ゴンの存在にはまったくおかまいなく場所を移動しながら草を食べていた。そのうち私も退屈になって、ヤギたちのほうへ寄っていくと、ゴンは、柵から飛び降りて、道路を横切って茂みに入っていった。

そんなことが何度か続いたある日、私は、**ゴンが、ヤギの柵の上で、激しい縄張り誇示行動を行なうのを見た**のである。羽をばたつかせながら「ケン、ケーン」と鳴いたのである。

そこで**私はやっと、ゴンの気持ちがわかった**ような気がした。

ヤギをじっと見つめつづけるゴン（左下の○）。実はゴンにはある悩みがあったのだ。
ちなみに、この写真を撮ったときはゴンの後方にホオジロがいた（左上の○）

おそらくゴンは、

「俺が大変な苦労をして築いた縄張りのなかに、何でおまえらは勝手に入ってきて、のほほーんと草を食べているんだ！」

みたいに感じたのではないだろうか。

かといって、**飛びかかって蹴爪で攻撃するだけの勇気はない。**

ゴンは、**その気持ちの葛藤に揺れながら、柵の上で白い動物たちをにらみつけていた**のではないだろうか。


私は次のような場面も目にしたことがある。

ヤギたちは（特に、クルミとミルクという母娘は）、時々、ヤギ柵（学生たちはヤギの放牧地のまわりの柵を〝ヤギ柵〟と呼んだ）を飛び越えて外に脱出し、ヤギ柵のまわりの草を食べていた。そして、そのころヤギ母娘のお気に入りの採食の場所があり、そこはちょうどゴンの縄張りの中心に近い、道路と柵の間の斜面であった。

そこでヤギたちがゆっくりと草を食べたり、寝そべったりするのが、**ゴンには、いよいよ我慢ならなかった**のではないだろうか。

ゴンは、ヤギたちがよく草を食べたり休息している場所に現われて歩きまわり、
「ケン、ケーン」と鳴いた

ゴンはゴンで、そのころ、その場所を特によくパトロールしていたのだが、あるとき、クルミとミルクがその場から立ち去ったあと、すぐに、どこからともなくそこへやって来て、何度も何度も縄張り誇示行動を行なったのである。

それなら、ヤギがいるときに、ヤギのすぐ前で鳴けや、と私は思ったが、いろいろ事情があるのだろう。吉本のコントで、敵にぼろぼろにされ、その敵がいなくなってから、「今日はこのへんにしといたろか」と言うようなものである。

以上はあくまで私の推察にすぎないが、ゴンにとってヤギ軍団が、気になってしかたない存在であったのは間違いない。ゴンなりに、そこから追い出そうと力いっぱいからんでいたのだと思う。

そんな、毎日一生懸命のゴンの姿も、春の終わりとともに、見かけることが少なくなり、やがてまったく見かけなくなった。ケーンという元気な声も聞こえなくなった。

繁殖期を大学キャンパスの里山で過ごしたゴンがどこへ行ったのかはわからない。

またいつかもどって来てくれたらいいのにと思う。

ヤギのことが気になってしかたないキジの話

著者紹介

小林朋道（こばやし　ともみち）

1958年岡山県生まれ。

岡山大学理学部生物学科卒業。京都大学で理学博士取得。

岡山県で高等学校に勤務後、2001年鳥取環境大学講師、2005年教授。

専門は動物行動学、人間比較行動学。

著書に『通勤電車の人間行動学』（創流出版）、『タゴガエル鳴く森に出かけよう！』（技術評論社）、『ヒトはなぜ拍手をするのか』（新潮社）、『人間の自然認知特性とコモンズの悲劇—動物行動学から見た環境教育』（ふくろう出版）、『先生、巨大コウモリが廊下を飛んでいます！』『先生、シマリスがヘビの頭をかじっています！』『先生、子リスたちがイタチを攻撃しています！』『先生、カエルが脱皮してその皮を食べています！』（以上、築地書館）など。

これまで、ヒトも含めた哺乳類、鳥類、両生類などの行動を、動物の生存や繁殖にどのように役立つかという視点から調べてきた。

現在は、ヒトと自然の精神的なつながりについての研究や、水辺の絶滅危惧動物の保全活動に取り組んでいる。

中国山地の山あいで、幼いころから野生生物たちと触れあいながら育ち、気がつくとそのまま大人になっていた。1日のうち少しでも野生生物との“交流”をもたないと体調が悪くなる。

自分では虚弱体質の理論派だと思っているが、学生たちからは体力だのみの現場派だと言われている。

先生、キジがヤギに縄張り宣言しています！

鳥取環境大学の森の人間動物行動学

2011年4月1日　初版発行
2018年7月10日　4刷発行

著者　　小林朋道

発行者　土井二郎
発行所　築地書館株式会社
〒104-0045
東京都中央区築地7-4-4-201
☎03-3542-3731　FAX 03-3541-5799
http://www.tsukiji-shokan.co.jp/
振替00110-5-19057
印刷製本　シナノ印刷株式会社
装丁　山本京子＋阿部芳春

 ISBN978-4-8067-1419-4

大好評　先生！シリーズ

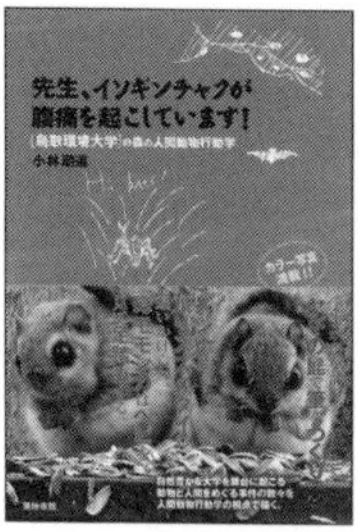

先生、イソギンチャクが腹痛を起こしています！

［鳥取環境大学］の森の人間動物行動学

小林朋道［著］1600円+税　◎2刷

学生がヤギ部のヤギの髭で筆をつくり、メジナはルリスズメダイに追いかけられ、母モモンガはヘビを見て足踏みする……。カラー写真満載。

先生、犬にサンショウウオの捜索を頼むのですか！

［鳥取環境大学］の森の人間動物行動学

小林朋道［著］1600円+税

ヤドカリが貝殻争奪戦を繰り広げ、飛べなくなったコウモリは涙の飛翔大特訓、ヤギは犬を威嚇して、コバヤシ教授はモモンガの森のゼミ合宿でまさかの失敗を繰り返す。

先生、オサムシが研究室を掃除しています！

［鳥取環境大学］の森の人間動物行動学

小林朋道［著］1600円+税

コウモリはフクロウの声を聞いて石の下に隠れ、ばかデカイ心臓をもつ“モモンガノミ”はアカネズミを嫌い、芦津のモモンガはついにテレビデビュー！

価格・刷数は2018年7月現在
総合図書目録進呈します。ご請求は下記宛先まで
〒104-0045　東京都中央区築地7-4-4-201　築地書館営業部
メールマガジン「築地書館 BOOK NEWS」のお申し込みはホームページから
http://www.tsukiji-shokan.co.jp/

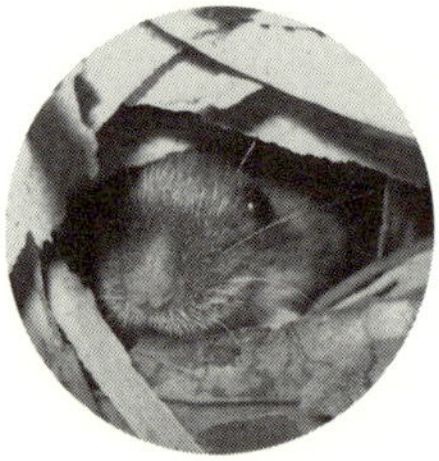